水科学博士文库

Development and Application of the Coupled Surface Water-Groundwater Model mHM-OGS

地表水－地下水耦合模型 mHM-OGS 的开发和应用

井淼　鲁春辉　著

中国水利水电出版社
www.waterpub.com.cn
·北京·

内 容 提 要

本书共有八章，具体内容如下：第一章和第二章概述了水文模型、地表水模型以及地下水模型；第三章介绍了分布式中尺度水文模型 mHM 和多孔介质多物理场耦合过程求解器 OGS；第四章描述了地表水-地下水耦合模型 mHM-OGS 的开发；第五章描述了 mHM-OGS 在计算德国中部某流域的输移时长分布中的应用；第六章描述了耦合模型的另一种应用：量化气候变化对区域地下水流动和运移过程的影响；第七章详细讨论了本书的主要科学贡献和局限性，同时对比了本书提出的 mHM-OGS 耦合模型与已有的模型，并提炼了 mHM-OGS 耦合模型的优缺点。最后，在第八章中，根据上述各章的分析得出了主要研究结论，并进行了总结和展望。

本书非常适合包括水文学、水文地质学、水利工程、环境科学等领域的学生和科研工作者阅读。

图书在版编目（CIP）数据

地表水-地下水耦合模型mHM-OGS的开发和应用 / 井淼，鲁春辉著. -- 北京 ：中国水利水电出版社，2022.8
（水科学博士文库）
ISBN 978-7-5226-0771-9

Ⅰ．①地… Ⅱ．①井… ②鲁… Ⅲ．①地下水—水质模型—研究②地面水—水质模型—研究 Ⅳ．①P343

中国版本图书馆CIP数据核字(2022)第108882号

书　　名	水科学博士文库 **地表水-地下水耦合模型 mHM-OGS 的开发和应用** DIBIAOSHUI-DIXIASHUI OUHE MOXING mHM-OGS DE KAIFA HE YINGYONG	
作　　者	井淼　鲁春辉　著	
出版发行	中国水利水电出版社 （北京市海淀区玉渊潭南路 1 号 D 座　100038） 网址：www. waterpub. com. cn E-mail：sales@mwr. gov. cn 电话：(010) 68545888（营销中心）	
经　　售	北京科水图书销售有限公司 电话：(010) 68545874、63202643 全国各地新华书店和相关出版物销售网点	
排　　版	中国水利水电出版社微机排版中心	
印　　刷	天津嘉恒印务有限公司	
规　　格	170mm×240mm　16 开本　10.75 印张　211 千字	
版　　次	2022 年 8 月第 1 版　2022 年 8 月第 1 次印刷	
定　　价	**68.00 元**	

前言
QIANYAN

　　传统意义上，水文学和水文地质学是两门不同的学科，它们的研究对象不同、研究方法不同、采用的模型也不同。这种历史上相对独立的学科划定，使得水文模型和地下水模型之间往往是互相割裂的。传统的流域尺度水文模型，不管是集总式模型，还是分布式模型，大多数是概念性水文模型。概念性流域水文模型是以水文现象的物理概念和一些经验公式为基础构造的水文模型，它将流域的物理基础（如下垫面等）进行概化（如线性水库、土层划分、蓄水容量曲线等），再结合水文经验公式（如下渗曲线、汇流单位线等）来近似地模拟流域水流过程。而传统的地下水模型基于地下水渗流过程的偏微分方程组，因而属于基于过程的模型。不仅如此，两者之间在水文过程刻画、网格剖分、参数化等方面具有巨大差异。如何将两者进行耦合是水文学的热点和难点问题。

　　随着气候变化和人类活动的影响，特别是大规模地下水抽取和跨流域调水工程实施，流域尺度的地表水-地下水交互作用也越来越频繁，已经到了需要从过程上把两者作为一个整体系统进行研究的阶段。国内外学者已经开发了若干地表水-地下水耦合模型，包括ParFlow、HydroGeoSphere、GSFLOW 和 PCR－GLOBWB－MOD等。在此背景下，本书介绍了德国亥姆霍兹环境研究中心（UFZ）主导开发的开源地表水-地下水耦合模型 mHM－OGS。此耦合模型建立在分布式中尺度水文模型 mHM 和多孔介质多物理场耦合模拟器 OpenGeoSys（OGS）之上。mHM－OGS 模型的耦合机理与前述的 ParFlow－CLM 及 GSFLOW 类似。同时，mHM－OGS 模型具有如下特点和优点：

　　（1）由于 mHM 具有独特的多尺度参数区域化（MPR）技术，mHM－OGS 模型具有灵活应对不同尺度参数的能力，非常适用于模拟大尺度（如 1000～1000000km^2）水文过程。值得注意的是，德国亥姆霍兹环境研究中心的科研人员已经建立了覆盖全球的高分辨率 mHM 模型（涵盖全中国）。此模型的相关研究成果已经发表在 *Nature Climate Change* 等权威期刊。

（2）mHM‐OGS 模型已与随机行走粒子追踪法耦合，可以模拟大尺度的污染物运移问题。

（3）mHM‐OGS 模型的代码完全公开。读者可以自由地下载、运行、修改代码，甚至开发自己的模块。

除了介绍地表水‐地下水耦合模型 mHM‐OGS 的耦合机理和开发过程，本书还介绍了两个应用案例，分别为流域尺度地下水输移时长分布计算模拟和地下水资源对气候变暖的响应预估。这两个应用案例表明了 mHM‐OGS 模型在面源污染和气候变化等水文学的热点领域具有很大的应用潜力。

本书共有八章，具体的行文结构如下：首先，第一章介绍了水文建模（包括流域水文建模和地下水建模）的背景知识。第二章介绍了地表水‐地下水耦合建模的背景，并列举了国际上若干先进的地表水‐地下水耦合模型。第三章介绍了分布式中尺度水文模型 mHM 和多孔介质多物理场耦合过程求解器 OGS。第四章描述了地表水‐地下水耦合模型 mHM‐OGS 的开发，其中包括了两个模型的描述、耦合机制的介绍以及德国中部 Naegelstedt 流域的应用。此外，还讨论了一些高度相关的主题，例如研究区域中地下水头对地下水补给率空间分布的敏感性以及历史上干旱与湿润年份之间的地下水头差。第五章描述了 mHM‐OGS 在计算德国中部某流域的输移时长分布中的应用，还涵盖了对模型输入和参数的不确定性的研究，并讨论了一些相关的课题，包括径流中水的年龄对补给的空间模式的敏感性等。第六章描述了耦合模型的另一种应用：量化气候变化对区域地下水流动和运移过程的影响。此外，还系统性地评估了从不同来源引入的不确定性及其对模型预测结果的影响。第七章详细讨论了本书的主要科学贡献和局限性，同时对比了本书提出的 mHM‐OGS 耦合模型与已有的模型，并提炼了 mHM‐OGS 耦合模型的优缺点。最后，在第八章中，根据上述各章的分析得出了主要研究结论，并进行了总结和展望。

希望本书可以让国内读者了解 mHM-OGS 模型，更多地使用开源软件，使用 mHM-OGS 模型。希望本书介绍的地表水–地下水耦合模型具有抛砖引玉的作用，能够帮助国内同行们开发属于自己的地表水–地下水耦合模型。除了 mHM-OGS 模型本身，本书也介绍了地表水–地下水耦合方法、蓄水选择函数（SAS Function）方法、零空间蒙特卡洛法、多模式集合方法等先进的方法，这些方法并非局限于 mHM-OGS 模型本身，而是具有普适性、可推广性。读者可以从中获得流域尺度水文过程的机理认识，深化对水文学相关概念的理解，并应用在自己的研究课题之中。本书非常适合水文学、水文地质学、水利工程、环境科学等领域的学生和科研工作者阅读。

在本书的写作过程中，得到了许多同行的关心、支持和帮助。德国亥姆霍兹环境研究中心的 Sabine Attinger、Olaf Kolditz、Falk Heße、Wenqing Wang、Rohini Kumar 等对本书提出了宝贵意见和建议。在此谨向以上各位同仁表示深深的谢意。本书的撰写和出版得到了国家重点研发计划"黄淮海地区地下水超采治理与保护关键技术及应用示范"（批准号：2021YFC3200500）和国家自然科学基金委员会青年基金"基于瞬态输移时长分布的集水区氮排放滞后效应机理研究"（批准号：52109012）的资助和支持，在此一并表示深深的感谢。

鉴于作者水平有限，疏漏和不当之处在所难免，恳请读者批评指正。

作者

2022 年 5 月

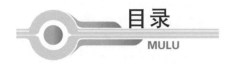

目录
MULU

第一章 绪 论

第一节 什么是模型？

模型是复杂自然世界的简化表示（Anderson et al.，2015b）。为了研究一个过程或事物，可以通过在某些特征（形状或结构等）方面与它相似的"模型"来描述或表示。模型可以是所研究对象的实物模型，例如建筑模型、教学模型、玩具等；也可以是对象的数学模型，例如公式或图形等。它能反映出相关因素之间的因果关系。与此类似地，水文系统的概念模型以文本、流程图、横截面、数据库和表格的形式简化和总结了有关水文学的知识。概念模型指的是在某研究区域的现场观测以及类似区域中已有信息的基础上，对该区域水文系统过去和现在的水文状态的概化表达。除了概念模型外，还有一类模型是基于过程的模型。此类模型可以通过对流域复杂水文地质条件的简化，定量表示水文变量（如流量和地下水头）随空间和时间的分布情况。广义上讲，水文模型可分为物理模型和数学模型，下面分别予以介绍。

一、物理模型

根据地表水和地下水与其他物理现象之间的相似性，把地表水（地下水）问题化为类似的物理问题而制作的模型称为地表水（地下水）物理模型。在水文地质领域，物理模型主要采用多孔材料（通常是沙子）填充的实验室水箱和柱子直接观测地下水头和流量。在 19 世纪，法国工程师 Darcy 测量了不同直径和长度的填砂柱的水头，并发现了多孔介质中的流量与水头梯度线性相关，从而提出了达西定律。物理模型主要应用于实验室尺度，通常通过实验室内搭建的砂箱来模拟或复现实际场地中的地表水和地下水流动过程。类比模型（analog model）指的是通过电流（电模拟模型）或黏性流体（Hele‐Shaw 或平行板模型）来类比表示地下水流的实验室模型（Anderson et al.，2015b）。地下水流的类比模型，尤其是电流类比模型，在计算机广泛使用之前的 20 世纪 60 年代曾经非常流行（Bredehoeft，2012）。实验室尺度的类比模型可以表征岩溶含水层中的地下水流、溶质运移和管道与基质之间的质量交换。需要指出的是，随着 3S（遥感、GIS 和 GPS）技术的发展，高精度的数学模型（主要是数值模型）越来越流行，甚至在某些应用领域越来越多地取代了传统的物理模型。本书的"模型"如果不加说明，都是指代数学模型，而非物理模型。

二、数学模型

在水文学和水文地质学领域，两种类型的数学模型被广泛使用：数据驱动模型（data-driven model）和基于过程的模型（process-based model）。

数据驱动模型（也称"黑匣子"模型）使用从可用数据导出的经验公式或统计方程，基于易于测量的水文变量的观测值（例如降水量和径流量），来计算未知的水文变量（例如地下水头）。数据驱动模型通过方程式计算水文系统状态变量（例如地下水头）对输入变量（例如降水量）的响应，但是不量化系统的过程和物理特性。数据驱动模型的工作流程如下：①通过经验或统计拟合参数来确定适用于某一研究区域的方程，以重现区域内的水位（或流量）波动的历史时间序列；②采用该方程来计算水文状态变量对未来气候驱动力的响应。数据驱动模型需要对地下水头或径流进行大量的观测。理想情况下，这些水头和流量数据将涵盖所模拟的全周期和全区域。

数据驱动模型的一个早期应用案例是 Dreiss（1989）对岩溶含水层响应的分析。自此之后，数据驱动模型在岩溶水文系统中获得了广泛而成功的应用。许多降雨-径流模型是数据驱动模型。大多数数据驱动模型都具有一定的随机性，并通过一组经验函数、数学表达式或时间序列方程将输出与输入相关联。基于数据的随机模型比基于物理的模型更简单（后者需要更多的校准工作）。一些机器学习模型（例如人工神经网络模型）也是数据驱动模型，并被许多学者应用在最新研究中。数据驱动模型也包括了基于贝叶斯网络的模型（Fienen et al.，2013）。一般来说，基于过程的模型优于数据驱动模型，因为当大量观测值不可用以及未来气候条件超出历史记录的范围时（例如对气候变化下的水文系统的响应），基于过程的模型由于其物理基础较完善，可以揭示水文现象背后的机理并做出较准确的预测。

基于过程的模型（有时称为基于物理的模型，physically based model）通过物理过程和物理学原理来表征流域内的地表水流和地下水流。基于过程的模型可以是随机的，也可以是确定性的。如果模型的任何参数具有概率密度分布，则该模型是随机的；否则，该模型是确定性的。本书介绍的分布式中尺度水文模型 mHM 实质上可以看作一个数据驱动模型，而地下水模型 OpenGeo-Sys（OGS）实质上是一个基于过程的模型。同时，本书在第五章和第六章的案例研究中讨论了随机模型。

基于过程的水文模型由以下几部分组成：①描述研究区域内物理过程的**控制方程**；②研究区域边界处指定水头或水流的**边界条件**；③对于非稳态问题，

在模拟开始时指定研究区域内的水头或水流的**初始条件**。数学模型可以通过解析方法或数值方法求解。地下水流的数学模型可以用来求解水头的空间分布以及非稳态问题中的时间分布。

解析模型（analytical model）依赖于对自然界水文过程的高度简化，以便定义可以通过数学方法求解的问题以获得封闭形式的解析解。解析模型的解析解通常是一个方程式，它可以求解水文变量（例如地下水头）在空间和时间上的分布。简单的解析解可以使用手动计算器求解，但更复杂的解通常使用电子表格、计算机程序或数学软件（例如 MATLAB）来获得。解析模型的假设往往建立在简化的水文系统中，因此它们不适用于大多数实际的复杂水文问题。例如，解析解大多无法考虑水文地质性质的非均质性，而且往往无法刻画现实中几何形状边界复杂的三维地下水流系统。由于此局限性，在现实世界的盆地尺度建模中，数值模型得到了大量应用。尽管如此，解析模型仍然有着数值模型不具有的优势。解析模型的优势在于它可以用简化的数学语言揭示水文过程的机理。解析模型的另一优势在于其计算效率高，因而可以对参数实施全局敏感性分析。解析模型也可以用来指导构建更复杂的数值模型，或用于验证求解数值模型的代码的正确性和可靠性。

数值模型通常基于有限差分法或有限单元法，可以用来求解非均质水文系统中的三维稳态和瞬态地表水或地下水流动问题，同时可以模拟复杂边界和复杂源汇项。由于它们的复杂性，对于具有复杂水文过程和大量观测数据的现实流域或现实水文地质系统非常适用。有限差分或有限单元模型是求解地下水流动问题的最常用模型。有限体积模型也得到了广泛的应用。

地下水的数值模型可用于模拟局部尺度和区域尺度的问题。尽管一些问题可以通过解析模型或简单的数值模型来求解，但是许多现实中的复杂问题需要对地下水系统进行更复杂、更精细的刻画。信息技术的不断进步以及数值计算方法的不断发展，使得数值模型可以有效地模拟复杂的、大尺度的流域水文系统。数值模型的复杂性（sophistication）通常通过水文过程的数量，包含的层、单元和参数的数量来衡量。数值方法将参数值分配给模型区域中离散化后的节点。如今的三维数值模型已经非常复杂，通常具有数百万个节点。例如，Frind 等（2002）构建了加拿大安大略省 Waterloo 冰碛含水层系统的三维有限元模型，该模型分为 30 个地层单元，使用了 1335790 个节点和 2568900 个单元。Fischer 等（2015）采用 OGS 建立了德国中部 Unstrut 盆地的区域地下水模型，此模型也包含了多达 80 万个有限元节点。Feinstein 等（2010）建立了密歇根湖盆地的三维有限差分模型，此模型使用了超过 200 万个节点。Kollet 等（2010）构建了一个包含 8×10^9 个有限差分单元的地下水模型。尽管必须将水文地质参数的值分配给每个节点或单元，但实际上通常将所研究区域进行

分区，然后为同一区域内所有节点分配一个固定的水力参数值。因此，水文地质分区有效地减少了参数的数量。本书第四章、第五章和第六章的案例研究均采用地层分区模型。同时本书讨论了其他参数化方法和地下水模型的不确定性问题。

在本书中，我们使用术语"水文模型"或"模型"来指代对特定水文问题的数学表示以及相关输入数据。而代码（code）是一种计算机程序，它处理特定模型的输入数据并求解描述水文（地下水）过程的方程。代码是用一种或多种计算机语言编写的，由一组由计算机求解的方程组构成。例如，模型参数反演代码 PEST、有限差分代码 MODFLOW、水文模型 mHM 是用 Fortran 编写的，而 PEST＋＋、有限元代码 FEFLOW、有限元代码 OGS 是用 C 或 C＋＋编写的。求解地下水流的代码通常用来计算随空间和时间分布的水头以及相关的水文通量（如径流量）。粒子追踪代码从地下水流代码中获取输出数据并计算地下水流路径和相关的输移时长（见本书第五章）。需要注意的是，有时代码也被称为模型，但在本书中，我们将代码的特定应用（即模型）和代码本身（即求解模型的工具）区分开来。模型是针对现实中的特定应用而设计的，而代码不随特定应用而变化，因为相同的代码可以解决许多不同的问题。

第二节　水文建模的目的

在使用计算机代码建立水文模型之前，首先要明确的一个基础性问题是：建立水文模型的目的是什么？通常，最常见的目的是预报未来气候变化、人类活动或水文地质条件对水文系统的影响。同时，模型也适用于重现过去的水文过程（后报，hindcasting）以及作为解释性工具揭示现实中水文现象背后的机理（Anderson et al.，2015b）。Reilly 和 Harbaugh（2004）确定了地下水建模领域的五大类基本问题：①实现对水文系统的基本理解；②估计含水层的水力特性；③了解当下水文系统特性；④了解过去水文过程演变；⑤预报未来的水文系统。我们将这五大类中的前三类称为解释性模型，将后两类称为预报/后报模型。下面首先讨论预报/后报模型。

一、预报/后报模型

绝大多数水文模型的目的是预报或预测某因素或变量变化引起的结果。根据 Anderson 等（2015b）的建议，相对于"预测"（predict），"预报"（forecast）可以更准确地表示模型对未来可能情景的模拟。预报强调了未发生的水文过程中不可避免的不确定性。例如，天气预报通常用概率（例如降雨时间的概率）来表述。预报模型通常需要通过匹配模拟结果与现场观测值的时间序列

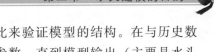

来校准参数，然后需要通过与实测数据的对比来验证模型的结构。在与历史数据的匹配中，在可接受的范围内不断地调整参数，直到模型输出（主要是水头和流量）与现场观测（观察）值的匹配程度较好为止。然后，将校准后的模型用作预报模拟的基准模型。

后报模型用于重建过去的水文条件和水文状态。后报模型可能涉及地下水流模型和污染物迁移模型，以模拟污染物羽流的运动。后报模型的例子包括了马萨诸塞州 Woburn 模型（Anderson et al.，2001）及德国 Naegelstedt 盆地的地下水模型（Jing et al.，2021）等。后报模型的构建非常有挑战性，因为历史水文过程无法被观测，研究者不可能收集额外的观测结果来扩充现有的历史数据，而现有的数据往往也是不完整的。

二、解释性模型

根据 Anderson 等（2015b）的归纳和概括，解释性模型的主要作用在于：①解释性模型可用作**"工程计算器"**（engineering calculator），快速给出特定工程问题的答案；②作为**筛选模型**（screening model），帮助建模人员初步了解水文系统并检验有关水文系统的假设；③作为**通用模型**（generic model），探索一般性水文地质环境中的水文过程及其背后的机理。其中，用作工程计算器的模型和通用模型通常不需要进行校准，而筛选模型可能需要被校准。

解释性模型作为工程计算器的一个典型应用是使用解析模型或数值模型，基于含水层（抽水）实验中获得的水头数据来反推含水层参数。解析模型和数值模型也被用作工程计算器来验证新代码的准确性。

筛选模型中"筛选"两字的含义在于：通过数学建模和与观测数据的对比，可以检验概念模型的准确性或测试水文系统的相关假设的正确性，从而筛选出正确的假设。筛选模型也有助于构建更复杂的数值模型。例如，Hunt 等（1998）开发了二维数值模型作为筛选模型，以计算三维有限差分模型的边界条件。解释性模型还用于概念化水文系统动力学过程，并提供对现实流域主要参数或过程的普适性解释。例如，VanderKwaak 等（2001）开发了地表水-地下水耦合模型 InHM 来筛选美国俄克拉荷马州 R-5 盆地的产流机理，发现 Horton 产流和 Dunne 产流过程都在此盆地产流过程中发挥了重要作用。又例如，在墨西哥湾 Gulf 地区，油气井发生损伤并引发了重大溢油事故。Hsieh（2011）迅速开发了解释性 MODFLOW 模型（适用于模拟流体油藏中的流动）以确定损伤的油气井中测得的关井压力（shut-in pressure）是否会引发受损井的破坏。模拟结果表明为了降低油藏压力不应开井，而事实证明这是正确的。

通用模型指的是应用于理想化地下水系统的解释性模型。早期的地下水流数值模型主要是通用模型，并且通用模型在现在和未来仍然非常有用。例如，Freeze 和 Witherspoon（1968）以及 Zlotnik 等（2011）使用二维通用模型研究了非均质性对区域地下水流二维垂向模型的影响机制。Sawyer 等（2012）使用通用模型研究了地下水和河流在含水层/河流界面（潜流带）之间的交换。Sheets 等（2005）使用通用模型评估了区域地下水分水岭附近抽水对地下水系统的影响。

第三节　流域水文模型和地下水模型

传统意义上，流域水文模型和地下水模型是两种完全不同的模型。狭义的流域水文模型往往指的是降雨-径流模型（rainfall-runoff model）。此类模型是为了模拟和预报河川径流（例如洪水）的产生和演化而开发的。而地下水模型一般通过数值方法（有限元法、有限差分法或有限体积法等）将模拟区域离散化，然后通过设定初始条件和边界条件，求解二维或三维的地下水流偏微分方程组。下面分别叙述这两类模型。

一、流域水文模型

需要注意的是，本书中的水文模型一般指广义的水文模型（即包括了地表水模型和地下水模型）。但是，本节中的水文模型指的是流域水文模型，也即降雨-径流模型。此类水文模型通常用于表征将水文输入与输出相关联的关键水文特性、水文事件和水文过程。水文模型通常关注刻画蓄水量（或称蓄变量）和径流量之间时空关系的构建。

流域水文模型可以表征重要的流域特性（例如土地利用、土地覆盖、土壤质地、下垫面、地质、湿地和湖泊）、与大气水交换（例如降水和蒸散）、人类活动（例如农业、市政、工业、航海、热力和水力发电）、流动过程（例如陆面流、壤中流、基流和河道流）、输移过程（例如沉积物、营养物和病原体的输移）和水文事件（例如低流态和洪水）。流域水文模型的尺度和复杂性取决于建模目标。如果人类或自然环境系统面临更大的风险，则需要掌握所在流域更多的细节。

流域水文模型通常为概念模型或数值模型。流域水文模型一般使用代数方程、常微分方程或偏微分方程表示模型中不同水文分量之间的关系，然后使用解析或数值方法求解模型的未知变量。按是否将全流域视为一个整体来模拟，可以将流域水文模型分为集总式和分布式流域水文模型。

（一）集总式流域水文模型
把全流域视作一个整体来研究的模型称为集总式流域水文模型。集总式流域水文模型认为，流域表面上各点的水力学性质是均匀分布的。对于流域上表面任意一点的降水，其下渗、渗漏等纵向流动过程都是相同的，不与周围水流运动发生任何交互。因此整个流域可以视作一个单元体，而只考虑水流在单元体内的纵向运动。

最基本同时也是最经典的集总式流域水文模型是单一线性水库模型（linear reservoir model）。单一线性水库模型首先由 Zoch 于 1934 年提出。该模型结合了连续性方程和蓄量方程，最终用常微分方程量化了水库排泄量。单一线性水库模型的连续性方程为

$$\frac{\mathrm{d}S(t)}{\mathrm{d}t} = i(t) - q(t) \tag{1-1}$$

$$q(t) = \frac{S(t)}{K} \tag{1-2}$$

式中：S 为流域蓄水量；q 为流域出口断面流量；i 为流域净降水量；K 为蓄水量常数，用以表示流域排水的速率。

联立以上两式，可以得到下列常微分方程：

$$K\frac{\mathrm{d}q}{\mathrm{d}t} = i - q \tag{1-3}$$

式（1-3）有解析解。解析解可以表示为

$$q = i(1 - \mathrm{e}^{-\frac{t}{k}}) \tag{1-4}$$

如果流域处于退水阶段，则降水量等于零。据此，可以求得流域退水方程为

$$q(t) = q(0)(1 - \mathrm{e}^{-\frac{t}{k}}) \tag{1-5}$$

式中：$q(0)$ 为退水过程开始时的流量。

线性退水曲线如图 1-1 所示。

除了单一线性水库模型，学者们开发了其他更复杂的集总式流域水文模型，包括克拉克模型、串联线性水库模型和并联线性水库模型等。由于此类模型众多，本书不再赘述。集总式流域水文模型的局限性在于：不管是多么复杂的集总式模型，都无法显式表征流域水文特性的空间非均质性和净降水的时空非均质性。

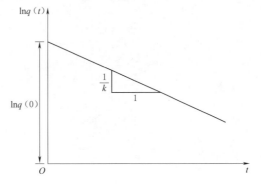

图 1-1　线性退水曲线

（二）分布式流域水文模型

集总式流域水文模型只适用

于流域下垫面条件均匀和净降水时空分布均匀的情况。事实上，流域下垫面条件和降水的时空分布都是不均匀的，而降水时空分布不均匀则会导致净降水的时空分布不均。因此，即使流域下垫面条件均匀，流域平均降雨量相同的两场暴雨也会由于其空间地点的不同而形成不同的出口断面流量。

不同径流成分的比重也对流域汇流产生影响。总径流中的地表径流与地下径流的比重取决于降水强度和流域下垫面的土壤、植被和水文地质特性等因素。流域下垫面的土壤、植被和水文地质特性等因素对流域汇流的影响较为复杂。一般来说，易透水的区域的地表径流的比重较小，形成的出口断面流量过程线也更平坦。为了增强对这些因素的模拟能力，开发分布式流域水文模型是必要的。

基于 20 世纪 70 年代出现的 3S（遥感、GPS 和 GIS）技术，大量的数字地图为建立分布式流域水文模型提供了可能性。考虑水文现象、水文变量和要素空间分布的流域水文模型具有分散输入、集中输出的特点。分布式流域水文模型考虑了降水、蒸散发、土壤渗透与饱和特性、地形等各因素的空间变化，乃至随时间的变化。分布式流域水文模型将流域划分成若干个子流域、水文响应单元（HRU）或矩形单元，示意图见图 1-2。这样就能处理降水空间分布和下垫面特性的空间非均质性对流域径流量的影响。子流域或单元的面积越小，对此非均质性的刻画越精确（见图 1-2）。每个子流域或单元的产流过程不同，导致了不同的径流成分划分，此特性也可以在分布式流域水文模型中被模拟出来。由此可见，分布式流域水文模型有两个主要的特征：①流域被分为不同的子流域或单元，以考虑净降水空间分布不均和下垫面的非均质性对流域汇流的影响；②每个子流域或单元的径流成分不同，以考虑不同径流成分的流域汇流的差异。

随着信息技术、遥感技术和 GIS 技术等的发展，分布式流域水文模型已成为主流的流域水文模型，包括 SWAT、VIC、Noah、HBV、PRMS 和 mHM 等模型都是分布式流域水文模型。目前，分布式流域水文模型主要有两类：**分布式基于过程流域水文模型**和**分布式概念性**

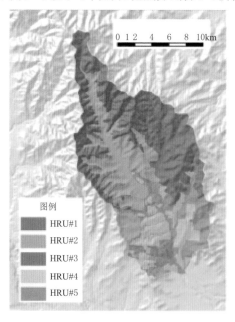

图 1-2　水文响应单元（HRU）示意图

流域水文模型。分布式基于过程流域水文模型，其主要的水文物理过程均采用质量、能量和动量守恒的偏微分方程描述（如坡面洪水波、不饱和、饱和渗流等方程），相邻网格单元之间的时空关系用水动力学的连续方程来建立，采用有限差分方法对方程求解。同时，模型也采用了一些通过实验得到的经验关系。模型显式考虑了蒸散发、植物截留、坡面和河网汇流、土壤非饱和和饱和渗流、融雪径流、地表和地下水交换等水文过程，其参数主要根据地形和地貌数据观测和分析得到，并通过历史洪水资料的率定来确定。这类模型的优点是模型的参数具有明确的物理意义，可以通过连续方程和动力方程求解，可以更准确地描述水文过程，具有很强的物理学基础，也往往更能揭示水文过程和水文现象之间的联系。模型用严格的数学物理方程表述水文循环的各子过程，参数和变量中充分考虑空间的变异性，并强调了不同单元间的水平联系，对水量和能量过程均使用偏微分方程进行表征。因此，它在模拟土地利用、土地覆盖、水土流失变化的水文响应及面源污染、陆面过程、气候变化影响评价等方面具有不可取代的优势。参数一般不需要通过实测水文资料来率定，解决了参数间的不独立性和不确定性问题，便于在无实测水文资料的地区推广应用。与分布式基于过程流域水文模型不同，分布式概念性流域水文模型在每个单元网格上应用现有的集总式概念性流域模型推求有效降雨并进行汇流演算，推求出口断面的流量过程，汇流演算一般采用水文学或水力学方法。模型参数主要根据历史洪水资料分析率定，并结合地形和地貌数据量测和分析得到。

二、地下水模型

地下水模型是指根据实际地下水系统的特征构建的能再现或复现实际地下水流系统或过程状态的实物或结构，是具有地下水系统特征的替代物。地下水系统经过抽象，根据它和模型之间数学形式上的相似，用一组数学关系式来刻画实际地下水系统内发生的物理过程的数量关系和空间形式。这种模型称为地下水数学模型。按模型所表示的地下水流问题的性质，又可分为水量模型和水质模型等。利用地下水模型可以求解许多水文地质问题，如地下水资源评价、地下水中污染物质的运移等。地下水模型根据模型原理又可以分为概念模型和数值模型，下面分别进行介绍。

（一）概念模型

为了解决现实世界中特定区域的地下水问题，水文地质学家必须首先收集和分析相关的现场数据，并厘清和阐明地下水系统的重要水文地质特征。关于该区域的已有数据和信息，通常被综合到一个概念模型中。通常，地下水概念模型可被用于包括地下水开发、污染源识别和污染场地修复等相关领域。

概念模型通常是针对特定地点的水文地质环境构建的，但也可以针对通用的、普适性的水文地质环境构建（见图1-3）。大多数实际地下水问题将首先通过概念模型获得对区域水平衡状态的大体认知，然后通过构建更复杂的数学模型来进行定量刻画。一般来说，概念模型越接近现场情况，数值模型就越有可能给出合理的预报。概念模型所需要的数据详细程度取决于建模目的、可用的现场数据以及将复杂性构建到数值模型中的客观条件限制。在面向管理者和决策者的实际应用中，应当在概念模型的设计时力求简约。这意味着概念模型被简化为仅包括那些对于实现目的很重要的过程，而忽略其他次要的过程。如有必要，可以在建模后期通过修改概念模型加入更多、更复杂的水文过程。

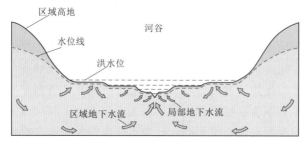

图1-3 宽河谷地区的地下水流概念示意图（Anderson et al.，2002）

在上述的一般概念的基础上，在水文地质学文献中产生了许多不同的概念模型的定义。根据 Zheng 和 Bennett 的说法，概念模型的发展"与对研究区域的刻画是同步的"，因此概念模型是使用简化假设和场地特有的流动和运移特征，来解释相关区域的局部和区域水文地质现象。下面给出了国际著名水文地质学家对地下水概念模型的定义。

地下水概念模型是对现实世界中地下水问题的简化，以便捕捉现实世界中地下水问题的基本特征，以及用数学方式描述此特征。

Haitjema，1995

地下水概念模型是一种构造或假设，通常通过现场水文地质条件以及相应的地下水动力学特征的口头、图像、图表或表格来体现和表示。

Neuman and Wierenga，2002

概念模型是对物理系统特性和动力学机理的解释或描述。

ASTM，2008

地下水概念模型是一种不断发展的假设。在解决具体问题的背景下，它刻画了在特定区域控制流体流动和污染物迁移的重要特征、过程和事件。

NRC，2001

地下水概念模型巩固了当前对地下水系统关键过程的理解（包括气象驱动

力的影响），并有助于理解系统未来可能发生的变化。

Barnett et al.，2012

Anderson 等（2015a）将概念模型定义为"符合水文地质原理并基于地质、地球物理、水文、水文地球化学和其他辅助信息的地下水系统的定性表示"。概念模型的设计通常应考虑九个数据源：地貌学、地质学、地球物理学、气候、植被、土壤、水文、水化学/地球化学和人为方面。因此，概念模型同时包括水文系统（或水文地质系统）的表征。

在开发概念模型时，建模人员通常借助地理信息系统（GIS）等数据库工具来组织、分析和整合相关的水文地质数据。除了基于 GIS 数据外，可能的数据源包括地方的地质调查部门以及国家级地质调查局（例如中国地调局）等机构发布的地质调查报告，以及发表在专业期刊上的论文等。概念模型的关键组成部分包括：①区域边界；②水文地层学和水文地质参数的估计；③地下水流和水源汇的一般方向；④基于实地资料的地下水平衡信息。尽管概念模型的数据可能存储在 GIS 中，但概念模型通常以一系列图表的形式呈现，具体形式包括横截面、栅状图和表格等。

地下水概念模型至少包括以下组成部分：①区域边界信息；②水文地层学和水文地质特征；③流向和源汇项；④对地下水平衡组成部分的实地估算。此外，任何有助于定义和约束概念模型的信息（例如水化学信息），都可以用来构建概念模型。

沿概念模型边界的水文条件决定了数值模型的数学边界条件。边界条件是数学模型（见本章第一节）的关键组成部分，并且对稳态模型和大多数瞬态模型计算的流向产生强烈影响。

概念模型的边界包括了地下水分水岭等水力特征，以及地表水体、相对不透水的基岩等的物理特征。地下水位（也即自由水面）通常构成三维潜水数值模型的上边界。在理想情况下，水平边界和底部边界应由不随水文条件变化而变化的物理特征或水力特征来定义。这些物理特征和水力特征包括相对稳定的地下水分水岭、沿海含水层中的海洋和相对稳定的咸淡水界面、与地下水系统相连的大型湖泊和河流、相对不透水的岩石（例如未破裂的花岗岩、页岩和黏土）和相对不透水的断层带等。然而，建模人员应该意识到，在某些情况下，地下水分水岭可能会随着抽水或补给的变化而移动。同样地，湖泊和河流，甚至海洋中的水位可能会因抽水、气候变化和土地利用的变化而发生变化。建模人员必须评估边界条件变化是否会影响建模结果。原则上，可以将沿模型边界处的水力特征的瞬态变化设置为数值模型的边界条件。然而，这些随时间的波动很难被观测。如果边界距离模型重点研究区域较远，有时可以采用长时水位平均值来代替非稳态的水位波动。

为了增强概念模型的精确性和可靠性，应尽可能全面地描述概念模型内部的水文地质特性。传统的地下水流动系统通常被概化为一个单一含水层或一系列含水层和隔水层的组合（见图1-4）。含水层指的是一个地质单元或一系列水力相连的地质单元，它可以储存和传输大量的地下水（Anderson et al.，2015a）（见图1-4）。赋压层（confining bed）是一个地质单元或一系列相连的地质单元的组合，其渗透率相对较低，可以储存大量的水但地下水流速较低（见图1-4）。赋压层从水力上限制了位于其下方的含水层的流动，从而使含水层中的水头升至上层赋压层底部的标高之上。低渗透性赋压层也可能出现在含水层下方，因此承压含水层可能会同时受到上下两个赋压层的限制。我们采用隔水层（aquitard）、难透水层（aquiclude）和不透水层（aquifuge）的概念来描述赋压层的导水性。隔水层减缓了流速，但不完全阻止流动；难透水层阻止了地下水流动，但可能允许一小部分水通过；不透水层则是完全不透水的地层。

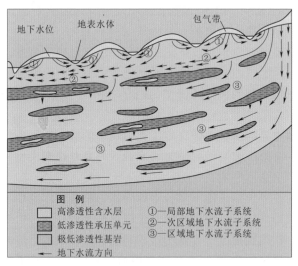

图1-4　地下水流系统（包括含水层和隔水层）的
概念示意图（Anderson et al.，2002）

横向低渗透性地质介质通常被视为赋压层或隔水层。需要注意的是，难透水层和不透水层很少被水文地质学家使用，所用文献中很少用到难透水层和不透水层的概念。在现实世界中，很少有地质单元是完全不透水的。严格地说，自然界没有绝对不发生渗透的岩层，只不过渗透性特别低而已。从这个角度上说，岩层是否透水还取决于所关注问题的时间尺度。黏土、重亚黏土等是典型的弱透水层。

隔水层和赋压层这两个术语经常被互换使用。但是，一些水文地质学家将两者区分开来。例如，Cherry 等认为并非所有的隔水层都对含水层进行了水力限制。例如，图 1-4 中的低渗透性基岩是隔水层，但不是赋压层。隔水层和赋压层可能是不连续的或渗漏的（由于渗透性和次生裂缝的影响）（见图 1-4）。

地质学家根据成因将岩石分为三大类：沉积岩、火成岩和变质岩。火成岩又分为形成于地表以下的侵入岩和形成于地表的喷出岩。在该领域，地质学家根据物理特征（岩性），包括矿物学和横向范围将岩石分为不同的地质构造。水文地质学家根据岩石中开口（孔隙空间）的性质和连通性将这些地质构造细化为水文地层单元。水文地层单元决定了地下水流动和存储的特性。孔隙空间的主要水力学参数是孔隙度和渗透率。原生孔隙度是指岩石形成时存在的孔隙空间，而次生孔隙度是指岩石形成后产生的开口（例如裂缝和岩溶通道等）。有效孔隙度（effective porosity）是衡量孔隙空间连通性的一个指标，此概念在粒子追踪模拟中很重要。渗透率量化了相互连接的孔隙空间传输流体的能力。在地下水水文学中，介质的渗透性更多地采用水力传导系数来表征。虽然水力传导系数的取值与介质中的流体性质有关，但由于饱和地下水的流体是水，因此可以用水力传导系数来表征地质体的渗透性。Maxey 于 1964 年引入了水文地层单元（hydrostratigraphic unit）的概念来描述一个可识别的含水层及其相关的隔水层。水文地层单元由具有相似水力特性的连续地质材料组成。水文地层单元也称为水文地质单元（hydrogeologic unit）。几个地质构造可以组合成一个单一的水文地层单元。同时，一个地质构造可以细分为含水层和隔水层。同一地质单元的水文地层划分可能因地区而异。

概念模型研究区域内的地下水流由示意性地下水流线、等势线或水文地质剖面上的箭头来表示。地下水流向由地下水头的等势线图确定，或由来自有关水位、边界以及补给和排泄位置的信息综合确定。如果存在多个含水层，则需显示每个含水层的流向（见图 1-4）。在分布式布设的地下水观测井中测量的水头提供了垂直流动方向的信息，并有助于确定地下水流动系统的深度。

在概念模型中，还应定义并描述研究区域内的重要水源和水汇。最大的地下水补给源通常是渗入地表并穿过地下水位的降水。在某些水文地质环境中，地下水系统可以通过山前或山坡径流、灰岩坑渗流和包括湖泊、河流、水库和运河在内的地表水体补给。水也可以通过人为的再利用和水处理活动输入地下水系统（例如注入井和人工补给渗透通道）。水汇指的是从地下水系统中排泄地下水的过程，例如向湿地、地表水体和海洋的地下水排泄、排泄到排水沟的管线和隧道、抽水井和泉水等。当地下水位接近地表时，蒸发作用和蒸腾作用也可能导致水分流失（包括直接从饱和区蒸发和植物根系穿透地下水位的蒸腾作用）。同时，还应描述研究区域外边缘（外周边界）的水源和水汇。例如，一些地下水流可能通过模型下方或侧方边界的基岩中的裂缝进入或离开研究区域。地下水也可能通过底流（underflow）沿边界进入或离开研究区域。

如何表征地表水和地下水之间的水量交换是设计数值模型时的关键步骤。一般来说，地下水建模代码通常包括了模拟地下水与地表水相互作用的选项。在潮湿的气候中，地表水系统通常与近地表地下水系统具有良好的水力联系，并且是重要的地下水排泄区域或补给区域。然而在干旱气候下，地表水系统可以通过非饱和带与地下水系统水力分离，对地下水流几乎没有直接影响。在这些情况下，地表水和下伏的地下水之间的相互作用程度由非饱和带和地表水系统的水力特性决定。当含水层将地下水流向转到水平方向时，深层地下水系统可能与地表水系统没有直接联系。然而，来自较深区域地下水系统的水可能会在近地表补给区接受补给（见图1-4），并且有可能排泄到位于区域地下水排泄区的上覆地下水系统（见图1-4）。因此，在地下水建模中，也有必要包括那些更深的水流系统，或者至少应包括这些深层地下水对浅层地下水的贡献量。

（二）数值模型

广义的地下水系统包括地下水位以上的非饱和区以及地下水位以下的饱和区。其中，非饱和区的孔隙空间充满空气和水，而饱和区的孔隙空间完全充满水。本节中的数值模型侧重于地下水位以下饱和区的流动。传统上，饱和区的水称为地下水。由于地下介质的水可以是饱和的，也可以是非饱和的，地下连续介质中的水流称为变饱和流（variably saturated flow）。当提到模拟地下水位以上的流动时，本书将使用术语非饱和流动来表达。

所有基于过程的地下水流模型都源自两个基本的物理学原则：①质量守恒定律，即水不会被凭空创造或凭空消失；②达西定律，其最基本原理是地下水从高水头区流向低水头区。

地下水流的数学模型主要包括以下几个部分：①代表研究区域内水文过程的**控制方程**（从质量守恒定律和达西定律导出）；②表示沿边界水文过程的**边界条件**；③对于非稳态问题，在模拟开始时因变量（即水头）值的**初始条件**。在本节中，我们介绍了地下水流的控制方程，介绍了边界条件的数学基础，并回顾了求解控制方程的常用数值方法。

地下水流动和运移过程的数学表达式必然依赖于一些简化假设。这些假设体现在控制方程中。下面介绍的控制方程是地下水建模中最常用的形式，它表示符合达西定律的连续多孔介质中密度恒定的单相流体（也即水）的流动。单相流意味着水是系统中唯一存在的流体。在非饱和带和油气带的问题中，其他相可能包括气体、非水相液体和石油。在复杂的、非均质的地质环境中，可以使用等效多孔介质模型。等效多孔介质是指可以被模拟为连续多孔介质的多孔介质。例如，具有良好水力联系的裂隙网络的碳酸盐含水层通常被模拟为等效多孔介质。当裂隙没有形成水力联系良好的网络时，必须使用专门的模型域和代码来模拟通过单个裂隙或裂隙网络的管道流。模拟溶质运移时，双域方法（dual domain approach）可用于模拟裂缝和多孔岩石基质之间的溶质交换。下面给出地下水流的控制方程。

表示非均质和各向异性条件下三维非稳态地下水流的一般控制方程（偏微分方程）是

$$\frac{\partial}{\partial x}\left(K_x\frac{\partial h}{\partial x}\right)+\frac{\partial}{\partial y}\left(K_y\frac{\partial h}{\partial y}\right)+\frac{\partial}{\partial z}\left(K_z\frac{\partial h}{\partial z}\right)=S_s\frac{\partial h}{\partial t}-W^* \qquad (1-6)$$

式中：h 为地下水头；K_x、K_y、K_z 分别为水力传导系数张量在 x、y 和 z 方向的分量；S_s 为单位储水量；W^* 为源汇项。

对于通过承压含水层的二维水平流，可以通过定义垂直积分参数，即导水系数 T 和储水系数 S，来表征地下水流过程。导水系数在 x 和 y 方向的分量分别定义为 $T_x=K_xa$ 和 $T_y=K_ya$，其中 a 为含水层的厚度。储水系数 S 等于单位储水量乘以含水层厚度：$S=S_sa$。式（1-6）中的源汇项 W^* 变为一个水通量 R。R 为每单位时间含水层单位面积的水量。在这种情况下，式（1-6）简化为

$$\frac{\partial}{\partial x}\left(T_x\frac{\partial h}{\partial x}\right)+\frac{\partial}{\partial y}\left(T_y\frac{\partial h}{\partial y}\right)=S\frac{\partial h}{\partial t}-R \qquad (1-7)$$

对于非承压、非均质、各向异性含水层中的二维水平流，地下水流控制方程为

$$\frac{\partial}{\partial x}\left(K_xh\frac{\partial h}{\partial x}\right)+\frac{\partial}{\partial y}\left(K_yh\frac{\partial h}{\partial y}\right)=S_y\frac{\partial h}{\partial t}-R \qquad (1-8)$$

式中：S_y 为给水度；R 为补给率。

在地下水模型中，边界条件分为三类：①**定水头边界条件**（Dirichlet 边界条件）；②**定流量边界条件**（Neumann 边界条件）；③**柯西边界条件**。定水头边界条件将沿模型边界的水头设置为已知值。定水头边界条件可能随边界的位置而变化。在非稳态问题中，边界处的水头也可以随时间变化。定流量边界条件指定了边界处水头的导数（也即流量）。此流量可以根据实际观测确定，也可能根据达西定律计算。如果跨边界的流量为零，则是无流边界。无流边界是一种特殊类型的定流量边界。

柯西边界条件较前两类边界条件更复杂。柯西边界条件首先确定边界处的水头和靠近边界处的固定点位内部水头的差值，然后通过达西定律计算穿过边界处的流量。此边界条件有时称为**混合边界条件**，因为它同时考虑了水头和流量。数学上，柯西边界条件可以表达为

$$Q=C\Delta h=C(h_B-h_{i,j,k}) \qquad (1-9)$$

$$C = \frac{KA}{L} \qquad\qquad (1-10)$$

式中：Δh 为用户指定的边界水头 h_B 与模型计算的边界附近固定点处水头 $h_{i,j,k}$ 之间的差值；C 为水力传导率，可以通过水力传导系数 K 乘以边界处代表性面积 A 并除以 h_B 和 $h_{i,j,k}$ 之间的距离 L 计算得出。

柯西边界条件的一个优点是：建模人员可以灵活地选择指定的边界水头（h_B）的位置，此位置不一定位于模型边界上。另一个优点是：在非稳态模拟中，$h_{i,j,k}$ 随着模拟的进行而随时间变化，并且模拟的边界流（Q）也会自动更新。这个特性非常适用于模拟河流和地下水边界处的交换流量，因为河流的水头以及河流与地下水的交换流量都具有很强的季节性。单纯的定水头和定流量边界可能无法捕捉水头和流量的同时变化。

数值模型使用控制方程的离散化数值近似来计算模拟区域内的水头分布。与解析解相比，数值解在空间或时间上是不连续的。地下水头只在空间中的离散点（节点）和指定的时间值处被求解。然而，数值模型可以在复杂的边界和初始条件下求解完整的非稳态、三维、非均质和各向异性的地下水流控制方程，这个特点是解析解不具备的。

第四节 水文模型的局限性

水文模型是现实世界的简化，因此受到简化假设的近似性、非唯一性和不确定性的限制。水文模型永远都不可能完全反映自然界的复杂性。因此，模拟现实世界的水文模型具有一定程度的不确定性，必须对此不确定性进行评估和报告。从这个角度来看，流域水文和地下水的预报模拟类似于天气预报。天气预报在一个高度复杂的模型中结合了大量的数据库、大气物理数据、气象数据和实时卫星图像，但每日的预报仍然以概率的形式给出。同样，水文模型应该量化与预测相关的不确定性的类型和大小（详见第六章内容）。本节介绍了水文模型中的局限性（包括非唯一性和不确定性）。

一、非唯一性

水文模型的非唯一性意味着模型输入的许多不同组合会产生与现场测量数据相匹配的结果。因此，总会有不止一种可能的"合理的"模型设定。尽管早期的水文模拟程序通常只基于一个校准模型并只提供一个可能的预报，但在今天这种做法已被证实是错误的。根据 Anderson 等（2015b）的建议，正确的做法是：①在建模中同时建立多个模型并进行校准；②建模者选择一个模型进行校准，并基于模拟输出结果构建误差的范围。在任何一种情况下，一个客观事实是：水文模型无法给出单一的真实解。

　　调整模型参数直到获得模型输出和现场观测值之间的良好拟合的过程通常称为"校准"。以这种方式调整参数的模型通常称为"校准后模型"。该术语来源于微调实验室仪器的"校准"一词。校准过程其实就是一个历史匹配过程（history matching）。历史匹配是用于决策支持的数值模型的必不可少的一环。历史匹配通常通过最小化所谓的"目标函数"来实现，而目标函数可以通过多种方式定义。一种常见的方法是将目标函数定义为模型输出和现场观测值之间的加权平方差之和。理想情况下，应给观测值赋予不同的权重。如果某些观测值受实际观测过程中出现的观测误差（通常称为"噪声"）的影响较小，则应该给予此观测值更大的权重。实际上，加权方法是一个更灵活的方法。加权方法的原理在于针对模型结构和观测点重要性的不同，人为地对观测点赋予不同权重。加权方法可以更好地应对结构误差通常比观测误差更大的现象。

　　从上面的讨论可以看出，校准后的参数集极有可能不是真实参数集，因为后者包含的所有细节无法根据测量数据推断出来。同时，虽然校准后的参数集几乎肯定是不正确的，但它仍然是"最优的"。因为它经过了最优化，其误差虽然仍然可能很大，但误差已被最小化。尽管模型是通用的工具，但在建模过程中始终需要以建模人员的直觉和水文学（或水文地质学）原理为指导，以建模人员的专业判断为基础。对模型不确定性和非唯一性的认识衍生出了如下的建模哲学："水文模型不能保证给出正确的答案。但是，如果构建得当，水文模型可以保证正确答案位于其给出的不确定性范围内"（Doherty et al.，2010）。

二、不确定性

　　水文模型的不确定性来源于与水文过程表征相关的许多因素。在选择特定代码时，建模人员间接地筛选出了对建模目标较重要的一组水文过程，因为代码的选择实际上将现实中的过程局限在了代码中包含的过程，而人为地忽略了其他的过程。此外，模型中表示的当前和未来的水文地质条件无法完全被模型所描述或量化。Hunt 和 Welter（2010）将不确定性的一种来源描述为"未知的未知"（unkown unkowns），即"我们不知道我们所不知道的事情"。在地下水模型中，未知的未知因素包括了未知的（因此也是未建模的）的水文地质特征（例如水文地质参数的非均质性），以及无法预料的未来的气候状态。Bredehoeft（2005）告诫建模人员，由于许多水文过程没有被包含在模型中，模型验证过程中的数据与模型的预报不一致的现象非常常见。例如在预报模型中，由于不确定的社会和经济驱动因素，未来的水文条件（例如降雨和蒸散发）以及未来抽水率、新井位置等均存在不确定性。

一个值得思考的问题是：专家知识（expert knowledge）在建模中有什么用？实际上，专家知识是一种定性的、概率形式的知识。水文地质学家无法说出地下水含水层内每一点的水力特性，也不完全掌握整个区域的基岩特性，也不完全掌握风化深度的变化，也不完全掌握任何沉积或构造特征沿走向的岩性变化，也不完全掌握地下隐藏的古河流的路径，也不完全掌握裂缝的变化。类似地，地表水水文学家无法在一年中的所有时间了解与整个研究所有位置的所有土壤类型的水力特性，也无法完全了解土地利用类型在历史较长时期内发生了怎样的变化。所以，专家知识是不确定的，并以概率形式给出。专家知识只能给出宏观上的猜测或推测。由专家知识得到的概率分布实际上是贝叶斯方程中的先验概率。

尽管某些类型的预报比其他类型的预报更不确定，但确定的事实是：不确定性只能减少，永远无法消除。因此，水文建模人员需要意识到建模结果的不确定性，同时保持对模拟结果的怀疑态度。基于水文学的专业知识，建模直觉（Haitjema，2006）和"水感"（hydrosense）（Hunt 等，2012）可以帮助建模人员评估模拟结果并识别出有缺陷的结果。建模过程和结果需要经过严格的敏感性分析，而这些分析的根本在于符合水文学和水文地质学基本原理。

第五节 水文建模的流程

水文建模步骤必须遵循科学方法（scientific method）。在科学方法中，首先提出问题，然后构建并测试假设，最后接受或拒绝假设。如果假设被拒绝，则使用修改后的假设重复测试过程。同样，水文建模的工作流程始于一个需要解决的问题。建模本身永远不应该是目的。我们建立模型的目的是来回答一个特定的问题或一组问题，而这个问题是水文建模的核心。根据 Anderson 等（2015b）的建议，水文建模的步骤如图 1-5 所示。工作流程中的一系列步骤建立并增强了模型的可靠性。虽然图中没有显示，但现场数据和"软知识"（即与模型输出结果不直接相关的信息）几乎影响了建模过程的每一步，尤其是概念模型的设计、参数化、校准目标的选择、校准过程的结束等。

当有新的现场数据可用并且有新的问题需要回答时，建模流程可以重新开始。当校准后的地下水模型用作水资源管理的决策工具时，建模流程可以再次运行。这使得模型的改进和更新变得很容易。例如，英国的建模人员（Shepley et al.，2012）正致力于为整个英国的含水层系统建立一套用于水资源管理的校准模型。荷兰也建立了全国尺度的地下水模型和水资源管理的多模型系统（De Lange et al.，2014）。美国也开发了用于水资源管理的流域尺度模型（Maxwell et al.，2015）。谢正辉等（2004）建立了全国尺度的 50km×50km

分辨率陆面水文模型。然而，更常见的是，建模人员开发一个模型来回答一个现实流域中的问题，以便为水资源管理提供建议和科学依据。在相关决策完成后，该模型往往很少被再次使用。

一、水文建模的步骤

图1-5中所显示的建模步骤的解释如下：

（1）**定义问题，明确建模目的。**水文模型的目的是回答一个特定问题或一组问题。建模目的是建模人员进行简化和假设的主要因素。建模人员根据此目的确定数学模型的特征、选择代码和设计模型。

（2）**构建概念模型。**概念模型涵盖了对水文（地下水）系统的描述，包括了相关的地表水体、水文地层单元和系统边界。首先，收集现场数据，描述水文系统的主要特征；然后，估算流域水平衡的各个组分。建模人员可以构建多个概念模型以应对实际区域的不确定性。如果建模人员没有收集现场数据，则强烈建议进行现场

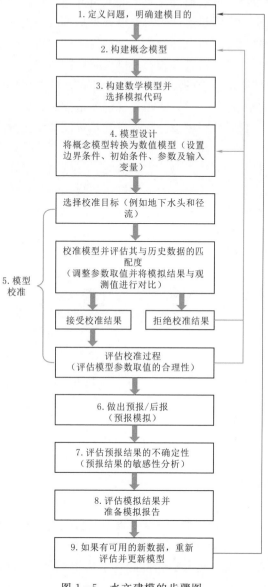

图1-5　水文建模的步骤图
（Anderson et al.，2015b）

实地考察和勘察。实地考察将有助于建立对水文状况的正确认识，为参数值的赋值提供基础，并有助于指导建模过程中的决策。

（3）**构建数学模型并选择模拟代码。**建模目的和概念模型推动了数学模型和相关代码的选择。数学模型由控制方程、边界条件以及对于非稳态问题的初

始条件组成。通过代码中的数值方法，可以将数学模型转化为数值模型。

（4）**模型设计**。模型设计包括了以下内容：通过构建网格将概念模型转换为数值地下水流模型、设置边界条件、指定含水层参数值和输入变量值，以及对于非稳态模型设置初始条件并选择时间步长。该数值模型的初始参数值采用基于概念模型的参数值。粒子跟踪法的代码用于检查流动方向和与边界条件的相互作用，并计算流动路径和输移时长。

（5）**模型校准**。模型校准是水文建模过程中最重要的步骤，因为它有助于实现并验证概念模型和数值模型的合理性及正确性。此外，校准后的模型是预报模拟的基准模型。在参数标定过程中，建模人员首先选择标定目标和标定参数，并进行历史数据的匹配。历史数据匹配包括了在一组模型运行中调整初始参数的值，直到现场观测与模拟结果充分匹配并且最终参数取值合理。参数估计的代码有助于寻找与现场观测（校准目标）匹配最好的参数值。参数校准过程非常耗时，建模人员通常没有足够的时间进行校准。因此，强烈建议在项目进行到一半（根据时间线和预算确定）之前开始进行模型校准工作。

（6）**做出预报/后报**。预报模拟指的是使用校准模型或一组可接受的校准模型来预测水文系统对未来事件的响应；或者将校准后的模型用于后报模拟中，来重建过去的水文条件。在预报和后报中，除非未来或过去的气候变量发生变化，则使用校准后的含水层参数和气候变量运行模型。水文预报需要对预期的未来水文条件（例如补给率和抽水率）进行估计，而后报则需要了解过去的水文条件。

（7）**评估预报结果的不确定性**。预报（或后报）中的不确定性源于校准后模型的不确定性，包括其参数、未来（或过去）水文条件的大小和时间的不确定性。预报不确定性分析包括了对测量误差、模型设计误差以及对未来（或过去）水文条件不确定性的评估。粒子跟踪代码可用于预测流动路径和输移时长。

（8）**评估模拟结果并准备模拟报告**。在模拟完成后，很重要的一步是将模拟结果总结为建模报告，并将其存储在建模档案中。建模报告记录了建模过程，呈现了模型结果并陈述了模拟的结论和局限性。建模报告包括了背景介绍、相关水文地质条件、用于构建概念模型的数据、假设的解释、所选数值方法和代码的介绍等。该报告还描述了数值模型如何离散化以及如何分配参数、模型校准过程及校准结果、预报相关的不确定性等。建模报告应该附有一个数据存档，其中包含了所用数据、代码、输入和输出文件及将来重新运行和修改模型所需的其他材料。

（9）**如果有可用的新数据，重新评估并更新模型**。当新数据出现时，应该结合新数据重新评估模型的表现。收集的新的现场数据可用于改进模型。在适应性管理（adaptive management）中，随着新数据的出现，模型会定期更新，以适应随时变化的边界条件、气候变量及人类活动等因素，并用于指导管理决策。

以上即为一个完整的水文模型建模流程。预报模拟的步骤包括了第一步到第八步。工程计算器和通用模型则需要第一步到第四步，然后跳到第六步。筛选模型工作的步骤取决于建模目的：工作流程始终包括前四个步骤，可能会继续执行第五步甚至第六步、第七步和第八步。如果考虑了多个可能的概念模型，则此工作流程会被多次执行。

二、模型的验证

模型验证是指验证校准后的模型匹配现场观测数据的过程，此现场观测数据必须独立于用于校准的数据。然而，鉴于大多数针对现实流域的水文模型涉及大量参数，建议使用所有可用数据用于模型校准，而不是保留一部分数据用于模型验证。因此，地下水模型验证本身通常不是一个必需的过程。

与模型验证不同，代码验证是指证明代码可以复现一个或多个解析解结果或匹配另一个经过验证的数值解的过程。代码验证是代码开发的重要步骤。一般来说，代码验证的信息应包含在代码的用户手册中。然而，考虑到大多数实际中的建模都使用了已被验证的标准代码，这些标准代码往往经过了开发人员的测试并经过用户社群的测试，大多数模拟项目不需要额外的代码验证。相反地，如果需要为项目开发新代码或修改现有代码，则代码验证是一个必须的过程。

本节提出的建模流程基于 Anderson 等（2015b）提出的建模流程，并做了少量的修改。此建模流程为建模工作提供了通用的最优化流程。如果严格依据此流程开展建模工作，可以有效地提高模型的可信度和适用性，以适应复杂的自然和人类因素的变化，并使得模型具有自我更新能力。

第二章 地表水-地下水耦合建模概述

在介绍地表水-地下水耦合软件 mHM - OGS 的开发和应用之前，本章首先介绍了地表水-地下水耦合建模的背景知识。然后，本章概述了当前制约流域尺度水文建模的几个研究难点，同时介绍了地表水-地下水耦合的理论背景。这也是地表水-地下水耦合软件 mHM - OGS 开发的动机和初衷所在。最后，介绍了流域水文建模的若干前沿问题和国际上几个先进的地表水-地下水耦合模型。

第一节 流域尺度水文建模的难点

一、地表水-地下水相互作用

在流域水文学中，流域水平衡的计算是一个最基础，同时也是最重要的问题之一。然而，陆地表面的水通量在时间和空间上具有高度的变异性。在当今的技术手段下，不可能通过直接观测而得到现实流域内的所有水通量分量。为了解决这一问题，水文学家们开发了许多水文模型。水文模型旨在在有限的水文观测和测量结果（例如径流、地下水位和遥感数据）基础上，揭示流域内水的流动运移规律，并预测未来的水循环状况。根据实验数据和现场观测的结果，水文模型将河川径流分为几个水通量分量。在某次降水事件（例如降雨）之后，迅速汇入地表水体的径流分量称为快速流（Beven，1989）（event flow 或 quick flow）。与快速流相反，降水也可以持续地从常年存在的稳定来源进入河道，该径流通量被定义为基流（Te Chow，1988）（baseflow，见图 2 - 1）。尽管基流可能源于地表水体（例如湖泊或湿地）的缓慢排水过程，但研究表明，基流主要来自于地下水的排泄（Beven，1989）。同时，地下水也可以以足够快的速度汇入河道，从而有助于河川径流的快速响应。该径流分量通常被定义为壤中流（Te Chow，1988；Beven，1989）（interflow，见图 2 - 1）。根据 Beven（1989）所述，"壤中流是土壤中水的近表面流动，它在降水事件时间范围之内流入河道"。壤中流既可以包含非饱和地下水流，又可以包含饱和地下水流（Beven，1989；Te Chow，1988；Sophocleous，2002a）。

进行流域水平衡计算时，地表水-地下水相互作用（surface water -

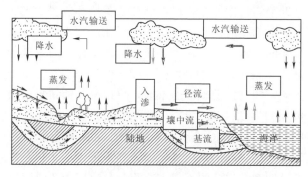

图 2-1　陆地水循环示意图

groundwater interaction）是必须考虑的重要作用。在较湿润的集水区，地下水和地表水通常具有很强的相互作用。这种耦合的地表水-地下水相互作用的准确表征，对于流域水平衡的正确计算至关重要。地表水-地下水相互作用在包括源头河流、湖泊、湿地和河口等很多区域都非常强烈。地表水流与地下水流的耦合通常发生在浅层的饱和-非饱和土壤中。在该土壤中，地表水体可能渗漏到地下水含水层，或者与之相反（地下水通过侧向流补给地表水体）。同时，此相互作用也常发生于岩溶或裂隙集水区的裂隙通道中。大型流域中的地表水-地下水相互作用非常复杂，并且在时间和空间上具有很强的变异性。地表水-地下水相互作用主要受以下因素所控制：①地下水位与地表水水位之间的相对关系；②河床或冲积层中的水力传导系数；③地表水体的几何形状（Woessner，2000）。交换通量随地表水-地下水压力差的方向而变化，并且其大小也取决于河床处的水力传导系数。这种交换通量通常是动态的，它受到由降水事件和季节变化而引起的地表水水位的强烈控制。地表水-地下水相互作用可以被分为两种基本模式：入流情形（influent condition）和出流情形（effluent condition）。对于入流情形，其流动方向是从地表水到地下水；而对于出流情形，其流动方向是从地下水到地表水（Sophocleous，2002b）。

在降水量较低的条件下，地下水含水层产生的基流是河川径流的主要来源（出流情形）。相反地，在降水量较高的条件下，近地表的土壤层会产生大量的快速的壤中流，从而导致地表水水位的快速升高，并导致从地表水到地下水的交换通量（入流情形）。在洪水期间，河流水通常入渗到地下，从而减少了洪峰流量并补给地下水含水层。

如何通过水文模型来量化复杂的地表水-地下水相互作用，是目前水文模型开发面临的重大挑战。在大尺度的水文模型（面积为 $1000 \sim 1000000 \text{km}^2$）中，地表水-地下水相互作用的刻画更加困难，其原因在于：

（1）地表水-地下水相互作用具有很强的空间非均质性。地表水-地下水交换流可能沿河道近乎均匀地分布，也可能在某些特定位置优先发生。根据地下水的循环模式和地下水位的深度，地表水体可能是常年性的永久水体，也可能是间歇性、季节性的水体。对于常年不断的永久水体，河流流量是连续的，这些流域很可能是出流情形（Sophocleous，2002b）。同时，间歇性的水体仅仅在某些季节才活跃，并且根据季节的不同，可以是入流情形或出流情形。

（2）地表水-地下水相互作用具有很强的时间变异性。正如前面所述，对于那些水力连接良好的地表水-地下水系统，地表水-地下水交换通量取决于地表水水位和地下水水位之间的水位差。河流和地下水的水位是高度动态的。根据气候条件、人类活动和季节的不同，交换流量实际上也是高度动态的。受限于连续观测的困难，只有非常少的基于现场观测的研究揭示了地表水-地下水相互作用的时间变异性的细节（Sophocleous，2002b）。

（3）河床的水力传导系数的取值难以准确获得。由于沿河道的地表水-地下水交换通量通常是不连续的，因而河床处的水力传导系数也会沿河道而变化。但是，大多数研究通过简化的方式设定统一的河床处水力传导系数。这种现象是由于现实流域中河床水力特性的数据比较稀缺而导致的。

由于以上几点原因，如何在大尺度水文模型中精确刻画地表水-地下水相互作用仍然是一个难点问题。

二、地下水系统非均质性的跨尺度表征

地下水系统受水文地质条件复杂性的控制，具有很强的非均质性。然而在现实中，含水层隐藏于地下，难以观测，更不可能通过直接观测得到土壤和含水层的所有细节。由于此非均质性，将现实世界流域中的地下水流简单地概念化为均质多孔介质的连续均匀流动是不精确的。相反地，正确的刻画方式是将地下水流视为流过非均质多孔介质的非均匀流动，且充分考虑多孔介质的水力特性的不确定性（Anderson et al.，2002）。地下水流系统的水力特性和流动过程通常难以在小尺度表征，更加难以升尺度到区域尺度。因此，参数和非均质性的跨尺度转换是流域尺度水文建模面临的挑战。

另一方面，地下的多孔介质的结构在物理上是确定的。基于地下水流动运移过程和多孔介质水力学特性之间的耦合作用，多孔介质的结构可以通过对地下水的观测而反演求得。例如，土壤中植被根系吸水或优先流可能具有相对较短的时间尺度，但在地球表层以下的深部地下水循环可能具有极长的地质时间尺度。

一般而言，如果可以获得全局尺度的足够数量的观测数据，则可以合理地在某种程度上忽略局部的非均质性，并且直接利用全局的观测数据进行系统性的预测（De Marsily et al.，2005）。水文学家通常会使用反演和模型参数校准

的方法来解决或掩盖空间的非均质性引起的问题。因此，水文模型的有效性高度依赖于与尺度相关的参数，这些参数通常需要进行校准之后，才能对流域尺度的水文过程进行足够准确的表征。但是，模型的校准通常会导致较大的参数不确定性，并进一步导致预测的误差。上述的从观测数据出发的方法被定义为自上而下（top‐down）的方法。自上而下的方法通常采用分级模型（hierar‐chical model），通过观测数据进行模型校准，从而逐步测试和细化模型。此方法是一种演绎科学方法。基于全局尺度的观测值（例如流量、示踪剂浓度），自上而下的建模方法通常在与水文系统相同的尺度直接描述水文系统。在水文学领域，该尺度通常是流域尺度。但是，自上而下的方法也受到了很多批评和质疑，主要原因在于：模型反演求得的参数取值是概念化的，往往无法通过物理准则来验证；并且由于缺乏足够的高分辨率的观测数据，导致自上而下模型的可靠性无法得到有效检验（Hrachowitz et al. ，2017）。

当模拟地下多孔介质中的运移过程时，主要的非均质模式（例如孔隙之间的连通模式）对于模拟结果非常重要。对于优先流动通道，不同的刻画方法可以使模拟结果（尤其是溶质运移的模拟结果）的差别在几个数量级上。除了渗透率具有非均质性之外，孔隙率、弥散系数、吸附常数等参数也具有非均质性。由于地质数据的稀缺，有限地质数据不足以建立完全确定性的地质模型。因此通常使用地质统计模型来表示地质介质的非均质性。常用的地质统计模型包括协方差模型、多点地质统计模型（Multiple Point Statistics）等（Linde et al. ，2015）。

三、模型参数的误差和不确定性

在水文模型中，模型不确定性的来源可以分为两类：客观不确定性和主观不确定性。客观不确定性是由水文系统固有的随机性引起的，并且主要与水文和水文地质变量（例如降水、流量、水质和地下水位）的时空变化有关；主观不确定性是由于研究人员对系统的理解不完整引起的，主要与数学模型的建立和求解，以及模型中参数的不确定性有关（Anderson et al. ，2002）。

贝叶斯方法可以有效地描述由水文模型的参数化过程中引入的参数和预测结果的不确定性。但是，在实际的建模工作中，直接使用贝叶斯方法并不容易。这是由于贝叶斯方法需要计算不确定性的概率密度分布。即使先验概率分布可以用通过解析表达式进行近似表征，大多数数值模型的非线性也会导致后验参数的概率密度分布无法用解析公式表征（Moore et al. ，2006；Doherty et al. ，2010）。

水文建模的另一个问题在于，数值模型仅仅是现实中水文系统过程的近似表征，而非完美复现。这种现象的一个例子是，模型的似然函数（likelihood function）的计算往往会出现偏差（McInerney et al.，2017），而这在大多数模型校准的过程中都是不可避免的。这意味着在大多数情况下，模型预测结果与实测数据的残差都来自于不完善的模型结构。在一定程度上，不完善的模型结构引入的误差可以利用历史数据的匹配进行约束，并整合到后验参数概率密度分布的贝叶斯表达式中。然而，模型结构引起的误差会不可避免地导致预测结果的误差。模型结构的不确定性导致了所有的模型预测结果都与现实有所偏离，因此，正如贝叶斯公式所指出的那样，该变量的后验概率分布也与实际相偏离，而这个误差往往无法被察觉（Doherty et al.，2010）。如上所述，水文模型预测结果的潜在不确定性总是大于水文系统固有的随机性引起的客观不确定性。原则上可以通过贝叶斯不确定性分析以及采用更完善的数值模型来客观刻画不确定性。但是，由于现实世界中的数值模型并不完美，因此它们的预测出现错误的可能性更高（也即后验概率分布的变异性更强）。

贝叶斯方程表明，即使通过模型校准过程对参数进行了约束，该模型的参数仍然具有不确定性。也就是说，校准后的模型的参数仍然具有自由调整的空间（Tonkin et al.，2009）。然而，校准后的不确定性在一定程度上受到了约束，其原因在于：①参数取值的条件之一是参数具有现实意义，这意味着必须尊重物理现实。这种限制在贝叶斯定理中，体现在参数的先验概率分布中。②通过与数据匹配过程施加了第二个约束。该约束进一步限制了参数的可调整范围。因此，校准过程是一个约束并减小参数不确定性的过程，它可以使模型结果和实测数据之间的偏差不会太大。

由于先验概率数据的稀缺和较重的计算负担，贝叶斯方法的适用性受到了很大的限制。值得注意的是，数值反演软件 PEST（Doherty et al.，2010）为多尺度的水文模型的参数估计和不确定性评估提供了一个通用而高效的平台。PEST 可以灵活地与数值模拟软件耦合，它也可以进行非线性参数以及预测的不确定性分析。具体而言，PEST 使用零空间蒙特卡洛（Null Space Monte Carlo，NSMC）方法进行非线性问题的不确定性分析。在本书第四章、第五章和第六章中，均利用 PEST 软件包，进行了参数反演和不确定性分析。

第二节 流域水文建模的前沿问题

为了解决上节所述的水文学中的难点问题，亟须将地表水文模型和地下水模型耦合起来，进行流域尺度地表水-地下水一体化建模，以更好地表征陆地水循环过程。但是，此类耦合模型的适用性和准确性必须通过实际流域的案例研究进行验证。此外，气候变暖也给水文学家带来了挑战，水文学家需要正确预测未来水资源对气候变暖的响应。基于上述趋势，地表水-地下水耦合模型除了用来模拟流域的水量收支及河川径流之外，更重要的应用方向在于：①为面源污染的评估和防治提供科学依据，这需要精确计算面源污染物的输移时长分布；②预估气候变化背景下的水资源安全性。下面分别介绍这两方面的研究背景。

一、集水区的输移时长分布

集水区的输移时长分布（Travel Time Distribution，TTD）是描述集水区蓄水、流动路径以及径流产生过程的基本工具（McDonnell et al.，2010）。这些信息对于理解蓄水-径流关系，理解河岸带的生物地球化学过程以及揭示水文循环中农业污染物的归宿至关重要。集水区的输移时长分布是反映集水区自身更新能力以及对面源污染承载力的重要指标。具体来讲，水文输移时长是指的是水分从进入土壤的时刻开始，到其从集水区出口处离开集水区的时刻为止所经历的时间。集水区的输移时长分布的对象是在某次降水事件中输入到土壤中的所有的水分子，刻画的是这些水分子的输移时长所组成的概率密度分布。

输移时长分布在水文系统的不同组成部分中具有截然不同的形状和时间尺度，而平均输移时长的时间跨度从土壤层的数月到深层地下水含水层的几百年甚至数千年不等（Berghuijs et al.，2017）。地下含水层的几何形状、地形、边界条件和水文地质性质会强烈影响水分的流动和运移过程。因此，对于水文学家来说，探明集水区的输移时长分布对集水区大小、地形、气象因素和水文地质参数的依赖性是一个重要问题，也是一项挑战。

研究集水区的输移时长分布对气候变暖的响应规律至关重要，原因在于：输移时长分布从机理上揭示非点源污染滞后效应的成因。近期发表在 Science 的文章（Van Meter et al.，2018）研究了密西西比河流域的农业氮污染问题，发现即使从源头完全切断农业氮的排放，仍然需要数十年的时间才能达到地表水氮浓度标准。这表明氮素在含水层的输移时间很长，这会对地表水中的氮素浓度超标和非点源污染的滞后性起到关键作用（见图 2-2）。在干旱半干旱地区，或者湿润地区的枯水季节，地下径流往往是地表水的主要来源。研究表明，地下径流排放的氮对河流氮负荷的贡献率可高达 68%。在美国的 Susquehanna 盆地，地下水中的硝态氮增长率可达 $11.6kg/(hm^2 \cdot a)$，造成了河流中约 18% 的氮的年龄在 10 年以上。因此，集水区的输移时长分布是反映集水区自身更新能力以及对非点源污染承载力的重要指标。

在过去的几十年中，地下水的输移时长分布已作为一种识别地下水补给的来源和速率的先进方法而在世界范围内被广泛使用（McCallum et al.，2017）。通用的方法是首先测量示踪剂浓度，然后由示踪剂数据结合输移时长分布模型，推断出地下水的输移时长分布。地下水的年龄具有沿流线增加的特

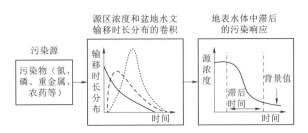

图 2-2 集水区面源污染的滞后效应示意图

征。因此，可以基于地下水的输移时长分布来估算地下水的补给率。例如，在一个以垂直补给和垂直流动路径为主的多孔含水层中，地下水的年龄随着深度的增加而增加，增加的幅度取决于含水层的结构、孔隙率和补给率。根据垂向剖面中地下水年龄的垂直变化的数据，可以估算含水层的补给率（McCallum et al.，2017）。

地下水的平均输移时长（MTT）是一个集总指数，它描述了地下水完全更新所需的时间。该指数可以反映整个地下水含水层的地下水可再生能力的大小。然而，由于许多因素，例如复杂的结构和非均质的水文地质条件，即使在相同的地下水系统中，不同位置的地下水更新所需的时间也可能差异很大。因此，地下水的平均输移时长只能提供地下水可再生能力的集总描述。

在人类活动的影响下，地下水的实际更新能力与自然条件下的实际更新能力大相径庭（Treidel et al.，2012）。如果随着抽水时间的增加，如果所抽出的地下水的年龄越来越大，则意味着地下水处于超采状态，地下水资源可能正在枯竭。地下水越来越多地从相对年龄较老的含水层中抽出，这表明地下水系统接收补给的能力降低，并且地下水系统可能处于危险之中。相反，平均年龄降低的趋势意味着从活跃的现代大气降水和其他补给中抽出的水越来越多。这表明地下水系统积极地参与了全球水循环，具有更强的可再生能力，也表明当前的抽水量和抽水频率可以保证地下水资源的可持续利用。

地下水的输移时长分布对地下水污染评估具有重要意义。如果输移时长非常短，则排泄的地下水有望通过现代大气降水或地表水得到补充。这种水通常流动路径较浅，且没有经过足够的自然清洁和污染物分解过程。因此，水质可能很差（Weissmann et al.，2002）。地下水输移时长分布还可以用于估算水分通过不同径流路径穿越整个含水层所花费的时间，这对于了解地下水系统中污染物的迁移过程很有用。

地下水的输移时长分布无法直接测得，而只能推测或估算。输移时长分布的准确性受到许多限制，其中最大的挑战在于输移时长分布模型的准确性。这些输移时长分布模型可以分为四类：集总参数模型、蓄水选择函数（StorAge

Selection function）模型、水通量追踪模型和拉格朗日粒子追踪模型（Sprenger et al.，2019）（见图2-3）。

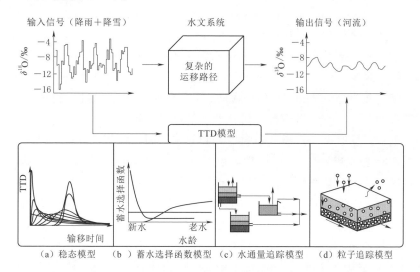

图2-3 输移时长分布模型的分类示意图（Sprenger et al.，2019）

集总参数模型，包括活塞流模型、指数模型、Gamma模型、Beta模型等。稳态模型原理简单，参数数量少，在早期的输移时长分布研究中被大量运用。但是，稳态模型假设输移时长分布的形状与时间无关，因此无法表征不同季节的输移路径对排放浓度的影响。

蓄水选择函数模型可以很好地刻画不同气候条件下，排入地表水体中的溶质浓度与流量的关系（C-Q关系），从而很好地刻画溶质排放的季节性。国际上，Yang等（2018）采用蓄水选择函数研究了德国中部一个农业集水区的氮排放机理。Benettin等（2015a）采用蓄水选择函数模拟了威尔士一个农业区的氯排放浓度的变化，并发现排泄水的平均年龄低于集水区中储存水的年龄。Kaandorp等（2018）将蓄水选择函数模型与MODFLOW模型耦合起来研究了美国的一个农业区的地下水排泄机理，并发现此农业区的地下水排泄有较强的季节性，并且倾向于排泄新水。Jing等（2019）在前期的工作中，也应用蓄水选择函数模型研究了德国中部一个农业集水区的地下水排泄问题，发现此盆地同样倾向于排泄新水。

水通量追踪模型（Flux Tracking Model）指的是高度概念化的、基于水平衡的水文模型（比如HBV、VIC等）。此类模型关注的河川径流的产生过程，一般被用在模拟降雨-径流的关系（见图2-3）。然而，由于水通量追踪模型缺乏物理基础，只能满足质量守恒而无法严格满足能量守恒。其概念化的蓄水量往往与实际的蓄水量不符，无法表征溶质排放的滞后性。近年来，一些研究者改进了水通量追踪模型，采用不活跃的蓄水层（passive water storage）描述溶质在地下的累积效应，从而较好地模拟了溶质排放的过程（Hrachowitz et al.，2013；Remondi et al.，2018b）。其中，Remondi 等（2018a）开发了一个分布式水文模型，并用它研究了输移时长分布的时空变异性。Hrachowitz 等（2013）采用水通量追踪模型研究了输移时长分布的形状，发现输移时长分布具有拖尾现象（tailing behavior），而拖尾现象可能导致溶质排放的滞后。

粒子追踪模型（Particle Tracking Model）是基于物理过程的模型，其理论基础最为完备。它可以模拟溶质在地下的运移、扩散、降解、化学反应等物理化学过程，同时追踪溶质的运移路径和输移时间，并从机理上解释溶质排放的时空变异性（见图 2-3）。但是，粒子追踪模型的精确性依赖于水文地质条件的精确刻画。在集水区尺度应用此模型还存在一些困难，主要原因是在现有的技术手段下，集水区的水文地质参数还存在很大的不确定性（Sprenger et al.，2019；Jing et al.，2021）。值得注意的是，Jing 等（2021）的最新研究成果耦合了水通量追踪模型和随机行走粒子追踪模型（Random Walk Particle Tracking），克服了水通量模型无法表征溶质运移的滞后性的缺点，为集水区氮排放的研究提供了新的思路。

自上而下的模型往往可以很好地再现河川径流的时间序列，但是此类模型无法表征径流产生的物理机制（Samaniego et al.，2010a；Kumar et al.，2013）。研究表明，被广泛使用的线性蓄水层假设（相当于完全混溶假设）不足以描述某些现实流域的地下径流产生过程。由于集总参数模型中始终缺少对流动过程和流动路径的显式表示，为了解释示踪剂数据，必须对混合机制作出假设来预定义输移时长分布的形状，而此混合机制本质上是未知的。同时，不同蓄水层的混合以及蒸散发作用对流域的输移时长分布有重要影响。自上而下的水文模型通常是使用单个目标（例如日径流量）进行校准的，而不是使用表征物质输移的校准目标（例如示踪剂浓度数据），这会限制此类模型表征径流生成过程的精确性。此外，许多典型的水文模型可以很好地将最薄的、最表层的土壤中的水文过程与径流响应联系起来，但是过分地简化了土壤剖面以下的深层地下水的作用，所以通常无法精确预测枯水流量（Haria et al.，2004）。这些局限性在集水区的输移时长分布的计算中尤其明显，因为集水区输移时长分布可能有拖尾现象（tailing behavior），此现象很难用自上而下的模型描述。

相反，拉格朗日粒子追踪模型通常与基于物理的水文模型相结合。基于物理的水文模型被归类为自下而上（bottom-up）的方法，因为它显式表达了流动和运移过程，并满足了质量和能量守恒（Clark et al.，2015）。因此，本书采用了拉格朗日粒子追踪技术来表征集水区尺度的地下水输移时长分布。

二、气候变化与水资源

气候变化已成为当今世界上最紧要的环境问题之一。气候变化（climate change）是指气候平均状态统计学意义上的巨大改变或者持续较长一段时间（30 年或更长）的气候变动。气候变化不但包括平均值的变化，也包括变化率的变化。政府间气候变化专门委员会（IPCC）将气候变化定义为气候随时间的任何变化，无论其原因是自然因素，还是人类活动。

全球变暖是一个最典型的气候变化趋势。关于气候变化对水文循环和水资源影响的研究，已引起全球研究人员越来越多的关注。总的来说，气候变化对水文和水资源影响的几个关键研究领域是：①水循环要素变化的测量和归因分析；②全球变暖和人类活动对水循环和水资源影响的预估；③未来气候变化情景中的水通量和水文变量的响应。其他的重要课题包括了对水资源未来趋势的评估、气候变化对极端水文事件的影响评估以及气候对水资源影响的适应性管理策略（Goderniaux et al.，2009）。

随着工业化的进行和全球经济的飞速发展，过去一百年来大气中温室气体（例如二氧化碳）的浓度一直在增加，全球温度一直在上升。IPCC 的第四次评估报告指出，从 1906 年到 2005 年，全球地表温度的升高趋势为每年升温 0.74℃（Hoegh-Guldberg et al.，2018）。据估计，到 2100 年，全球平均气温预计增加 1.1~6.4℃。由温度升高主导的气候变化已成为人类和全球生态系统未来最紧迫的挑战之一。

水是大气循环中的主要成分，也是受气候变化影响的最直接、最关键的因素之一。全球变暖将不可避免地导致全球水文循环的变化，并进一步显著影响降水、融雪、陆地径流和土壤湿度等。这将导致水资源在时间和空间上的重新分配，以及水资源总量、洪水和干旱等方面的变化。极端灾害的发生频率和强度严重影响人类社会的发展、计划和管理，从而影响全球生态条件和社会经济状况（Samaniego et al.，2018）。因此，研究气候变化对水循环的影响机制、评估其对水资源和水安全的影响、提出适应性的气候变化管理策略，对于水资源的合理利用和规划管理具有重要的现实意义（Wada et al.，2010）。

在上述的课题中，一个很重要的研究难点在于：如何精确预测未来气候变化情景中水资源演变趋势？回答此问题的关键在于提高气候变化对水资源影响预测的可靠性。国内外学者在该领域已经进行了许多研究（Leray et al.，2016；Thober et al.，2018；Samaniego et al.，2018）。关于未来气候变化背景下水资源响应的研究通常采用"情景模拟-水文模拟-影响评估-不确定性分析"的建模流程。其中，气候变化情景的选择、水文模型的构建以及气候情景与水文模型的耦合机制对模拟结果的精确性至关重要。

地下水是水循环的关键组成部分，也是地球上单一、最大的淡水来源。当前，国内外已经进行了许多研究以探明气候变化对地下水资源的影响，并取得了一些重要成果（Jackson et al.，2011；Crosbie et al.，2013；Taylor et al.，2012）。但是，地下水流动过程与地下水补给模式之间的关系存在很大不确定性，因而在估算地下水响应方面引入了高度不确定性。作为陆地水循环最深的组成部分，地下水模型不仅在含水层结构和参数设置方面存在不确定性，而且在降水和地表通量引入的补给模式方面也存在不确定性。伴随着日益严重的地下水枯竭危机，水文地质学家需要应对这些挑战，以更好地评估气候变化对地下水资源的影响。在此背景下，一个不可逆转的趋势是将地下水研究与地表水研究结果相结合，以更好地描述水循环和水资源的演变趋势。

三、流域水文建模相关科学问题

综上所述，流域水文建模领域的前沿科学问题主要有以下几点：

（1）是否可以将分布式水文模型与基于物理的地下水模型耦合？如果可以，那么耦合模型在预测径流量和地下水位方面的能力如何？回答此问题的主要挑战之一是分布式水文模型对地下水水文过程的表征是高度概念化的。如何用基于物理的地下水模型代替原本高度概念化的地下水模型，同时保持流域内的水平衡是一个巨大的挑战。

（2）地表水-地下水耦合模型是否能够用来研究区域尺度集水区的输移时长分布，同时表征地质结构非均质性对输移时长分布的影响？

（3）地表水-地下水耦合模型是否能够用来探讨不同的气候变暖程度对区域地下水资源的影响？

（4）模型输入参数和内部参数的不确定性怎样影响最终预测的结果？

（5）气候变量和地下水模型的不确定性如何对不同变暖情景下地下水资源的预测产生影响？

本书旨在通过地表水-地下水耦合模型 mHM - OGS 的开发，以及在德国中部 Naegelstedt 流域的应用来回答这些重要科学问题。

第三节　现有地表水-地下水耦合模型概述

一、地表水-地下水耦合模型开发背景

如前所述，地表水和地下水的相互转化是水循环的关键过程之一。自然界中，几乎所有的地表水体都具有与地下水的相互作用（Huntington et al.，2012）。然而，由于水循环本身的复杂性，以及地表水-地下水过程表征和概念

化的差异，长久以来，人们在相对独立的领域中分别开展了地表水和地下水的模拟研究。地表水建模研究也涉及地下水部分，但是，大多数都采用黑匣子模型（black - box model）来表示地下水的流量和蓄水量。因此，地表水文学家很少进行基于物理过程的地下水流动模拟。另外，水文地质学家建立了许多基于物理过程的地下水模型。这些地下水模型往往具有一些简单的地表水模块，但是往往是将地表水的水位或流量作为简单的边界条件进行处理，因而不能精确表征降雨和河川径流的时空变异性。

在过去的几年中，随着超级计算机、遥感技术和 GIS 等先进技术的发展和成熟，传统的集总式地表水模型已逐渐发展为分布式水文模型（Koirala et al.，2014；Samaniego et al.，2010a）。这个转换为基于水循环过程动力学的地表水和地下水耦合建模创造了条件。分布式水文模型的最大特点在于：模型结构和参数并非固定的，而是随空间分布的。分布式水文模型可以反映集水区参数的局部变化对整个水循环过程的影响。它也可以表征土地利用、植被覆盖、土壤类型、地形、集水区几何形状以及流域其他分布特征的空间变化。

地表水–地下水耦合建模是研究地表水和地下水之间相互作用的一个新趋势（Markstrom et al.，2008；Kollet et al.，2008；Maxwell et al.，2014）。地表水–地下水耦合模型可用于分析全球性重大变化（例如气候变暖）引起的复杂水资源问题，因为它们可以有效地计算地表水和地下水之间的动态相互作用，从而能够计算其对蒸散量、土壤含水率和河川径流带来的影响。现有的大多数地表水–地下水耦合模型都是基于对地表水和地下水之间的交换通量的简化和概念化。其中，许多模型是建立在流行的地表水或地下水商业软件的基础上，采用数据交换的方式耦合两者（例如 SWAT 和 MODFLOW 的耦合模型）（Kim et al.，2008）。但是，由于在过程表征、参数化、参数定义和计算单元的剖分方面存在的差异，地表水和地下水模型之间往往在过程表征和参数化方面存在明显的区别。所以这类耦合模型的精确性和完整性还有待验证。因此，应该仔细评估并改进地表水–地下水耦合模型，以提高其在实际应用中的可靠性和精确性。

二、地表水–地下水耦合模型介绍

本节介绍了几个国际上通用的地表水–地下水耦合模型。从耦合的模式上，可将其分为两类：第一类是基于过程的地表水–地下水耦合模型。此类模型包括了 ParFlow、HydroGeoSphere（HGS）、CATHY、OGS、MODHMS、MIKE - SHE、CAST3M、PIHM 和 PAWS 等。第二类是通过数据交换，将成熟的地表水模型（通常为数据驱动模型）和地下水模型（通常为基于过程模

型）连接起来。此类模型包括了 SWAT - MODFLOW、PCR - GLOB - MOD
和 GSFLOW 等。本书主要介绍的 mHM - OGS 也属于此类模型。地表水-地
下水耦合模型的分类见表 2-1。

表 2-1　　　　　　　　　　　地表水-地下水耦合模型的分类

分类	特征	代表性模型	模型描述
松散耦合	集总式模型，未考虑空间变异性	"四水"转化模型	以流域水循环和水平衡原理为基础，计算出水平衡的各组分水量变化过程
基于数据交换的耦合	将基于过程的地下水模型代替概念模型中的地下水模块，借助于变量的传递和交互进行模型耦合	SWAT - MODFLOW	SWAT 与 MODFLOW 耦合
		GSFLOW	降雨-径流模拟代码 PRMS 与 MODF-LOW 耦合，非饱和流采用 Richards 方程的运动波近似来表示
		PCR - GLOBWB - MOD	陆面过程模型 PCR - GLOBWB 与 MODFLOW 耦合
		mHM - OGS	分布式水文模型 mHM 与地下水模型 OGS 耦合
基于过程的耦合	以偏微分方程组的形式描述地表水和地下水水流过程，在满足质量和能量守恒的基础上，求解交互界面处的交换流量	ParFlow	山坡和河道流采用二维运动波方程，地下水流采用三维 Richards 方程的混合形式
		HydroGeoSphere	地表水流采用二维圣维南方程的扩散波近似形式，地下水流采用三维 Richards 方程，并可模拟双重介质
		OGS	山坡流和河道流采用圣维南方程的扩散和运动波近似形式，变饱和地下水流采用三维 Richards 方程
		CATHY	地表水流采用一维圣维南方程的扩散波近似形式，变饱和地下水流采用三维 Richards 方程
		CAST3M	地表水流采用深度平均的扩散波方程，地下水流采用基于达西定律的饱和地下水流方程
		MIKE - SHE	坡面和河道流采用扩散波方程，非饱和地下水流采用 Richards 方程，地下水采用三维运动方程
		MODHMS	地表水流采用运动波方程进行近似，地下水流为三维变饱和水流模型

续表

分类	特 征	代表性模型	模 型 描 述
基于过程的耦合	以偏微分方程组的形式描述地表水和地下水水流过程,在满足质量和能量守恒的基础上,求解交互界面处的交换流量	PIHM	地表水流采用深度平均的二维圣维南方程的扩散波近似形式,地下水流采用三维 Richards 方程
		PAWS	地表水流采用二维圣维南方程的扩散波近似形式,非饱和地下水流采用一维 Richards 方程,饱和地下水流采用准三维达西流模型

如表 2-1 所示,目前国际上已有许多经过验证的地表水-地下水耦合模型。限于篇幅,不可能将现有耦合模型全部介绍。下面介绍几个代表性的地表水-地下水耦合模型。

(一) ParFlow

ParFlow (Kuffour et al.,2019) 是一个开源的、模块化的、并行的集水区水文模型。ParFlow 基于有限差分法,具体来说,它包括了一个完全集成的地表水流模块,可用于模拟复杂的地形、地质的非均质性。它也包括了一个陆面过程模拟模块,可用于模拟陆面能量收支、生物地球化学反应和积雪过程(通过与陆面过程模型 CLM 的耦合实现)。ParFlow 是跨平台软件,可以在从笔记本电脑到超级计算机的通用计算机平台上运行。ParFlow 的开发已经持续了几十年,是多个机构合作开发的。目前,ParFlow 主要由 CSM、LLNL、UniBonn 和 UCB 之间合作开发。ParFlow 已与中尺度气象软件 ARPS 耦合。

ParFlow 采用二维运动波方程模拟山坡和河道流,采用三维 Richards 方程的混合形式模拟变饱和地下水流。在地表水和地下水的交互界面处,采用并行 Newton-Krylov 方法以完全隐式的方式求解地表水和地下水水流的非线性耦合方程。值得注意的是,Maxwell 等 (2015) 已经采用 ParFlow 建立了美国国家尺度的高精度(空间分辨率为 1km)地表水-地下水耦合模型。

(二) HydroGeoSphere (HGS)

HGS (Partington et al.,2011) 是地表水和地下水集成建模软件。HGS是一个三维控制体积有限元地下水模型,基于对地表水和地下水流动状态组成的水文系统的严格概念化(见图 2-4)。该模型旨在考虑水文循环的关键组成部分。对于每个时间步,该模型同时求解地表水和地下水流动方程、溶质和能量传输方程,并提供完整的水平衡和溶质平衡组分。为了实现地表水-地下水耦合建模,HGS 采用严格的、质量守恒的建模方法,将地表水流方程和三维变饱和地下水方程耦合。

HGS 动态地整合了水文循环的关键组成部分,并且可纳入陆面地表过程,

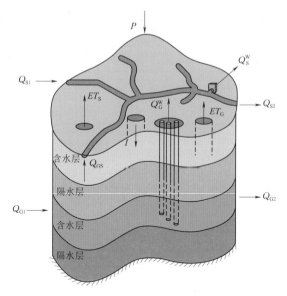

图 2-4 HGS 模拟的水文过程示意图

例如从裸露土壤的蒸发、植被的蒸腾作用等。该模型还可以模拟冬季的水文过程，例如积雪融化和孔隙水的冻结和融化。HGS 已经实现了并行化，可用部署在大型服务器上面，并实现大尺度的水文过程模拟。HGS 的主要特征如下：

（1）地表部分被刻画为二维地表水流。

（2）地下部分由三维变饱和地下水流刻画。

（3）基于土地利用类型的随时间和空间变化的蒸散量。

（4）可以刻画融雪对水文状态的影响。

（5）精确描绘和跟踪地下水水位位置。

（6）可以处理非积水或积水的补给条件和渗漏坡面。

（7）用多孔介质、离散断裂介质、双孔隙率和双渗透率介质的任意组合来表示地下的连续或非连续水文地质特性。

（8）可以模拟沿井孔的蓄水、溶质混合和可变流量分布。

（9）可模拟变密度的流动和运移过程。

（三）CATHY

CATHY（Camporese et al.，2010）耦合了一个描述变饱和多孔介质中的流动的理查兹方程的有限元求解器和一个模拟扩散波方程的有限差分求解器。此有限差分求解器采用扩散波方程，描述了使用地形、河系和几何数据确定的整个山坡和河道网络的地表水流过程。CATHY 的地表水流模块由山坡和河道流两个过程决定，在流域的山坡和河道上运行，可用来模拟包括河流、水池和湖泊中的蓄水和退水效应以及土壤的入渗和出渗效应。总的来说，此地表水流模块采用了圣维南方程的深度平均一阶近似（扩散波方程），模拟了一维的地表水流过程，仍然是一个简化的模型。CATHY模型采用较为严格的水动力学偏微分方程组来描述地表水-地下水耦合过程，具有较好的物理基础。

（四）MIKE-SHE

MIKE-SHE是一款确定性的、具有物理意义的分布式水文系统模拟软件，可以模拟陆相水循环中所有主要的水文过程，综合考虑了地下水、地表水、补给及蒸散发等水量交换过程。MIKE-SHE是一款商业软件，其版权属于丹麦DHI公司。当涉及地下水与地表水密切相关的问题时，MIKE-SHE具有强大的模拟能力。MIKE SHE可以与MIKE 11耦合进行地下水和地表水的综合模拟，也可连接到MIKE URBAN模型，模拟城市雨水、生活污水管网和地下水以及它们之间的相互作用。

MIKE-SHE包括水流运动、水质、土壤侵蚀和灌溉等模块。其中，水流运动模块MIKE-SHE WM是模型的核心。在MIKE-SHE WM中，山坡和河道水流过程由二维圣维南方程的扩散波近似来模拟，而土壤水（也即非饱和流）过程由一维Richards方程来模拟。在深部地下水部分，采用三维饱和地下水（基于达西流）的偏微分方程来模拟。这三个部分之间的交互基于压力连续原则，源汇项包括了饱和地下水与非饱和地下水之间的交换、饱和地下水与河道之间的交换、地下水抽水和补水、潜水蒸发、排水管道等部分。模型应用时，流域被划分为许多矩形单元，通过离散化之后，建立地表水流、土壤渗流和地下水流偏微分方程组，结合已设定的边界条件和初始条件，以有限差分法进行求解。各自模块允许具有不同的时间尺度。

MIKE-SHE采用了较为完备的基于过程的方法来描述流域尺度水文过程。但是，此模型需要大量的参数和数据支撑，因此建立和率定模型非常耗时，且需要深厚的水文学和水文地质学专业功底，使得模型的应用具有一定门槛。同时，MIKE-SHE是一款商业软件，其代码不公开，不太适合科研人员针对具体问题开发针对性的模块。

（五）SWAT-MODFLOW

SWAT是一个盆地尺度的水文模型，它以每日时间步长运行。该模型计算效率高，并且能够长时间连续模拟。模型的主要组成部分包括气象信息、水文、土壤温度、植物生长、养分、杀虫剂、细菌及土地管理等模块。在SWAT中，一个流域被划分为多个子流域，然后进一步细分为水文响应单元（HRU），每个HRU由均质的土地利用类型和土壤特征组成。MODFLOW是一个经典且广泛使用的模块化三维有限差分代码，用于模拟分层含水层系统。

Perkins等（1999）为了解决SWAT和MODFLOW之间时间步长和空间

离散化不一致的问题，修改了 SWAT 的源代码，将每个地下水时间步内的 SWAT 时间步的模拟结果进行累加，使用 GIS 软件将其差值到 MODFLOW 地下水模型的上表面，从而可以将 SWAT 模拟的潜在蒸散发、地下水补给和河流水位转化为 MODFLOW 的边界条件及源汇项。然后采用 MODFLOW 中的河流子程序包计算出地下水径流量，将其更新到 SWAT 的总径流中。SWAT－MODFLOW 模型从流域水文学的连续性出发，将概念性水文模型和基于过程的地下水模型结合起来，能够更好地应对流域尺度气候变化背景下的水文模拟需要，并且能发挥两者在各自领域的独特优势。而本书介绍的 mHM－OGS 耦合模型的耦合机理与 SWAT－MODFLOW 模型类似。不同的是，mHM 中的多尺度参数区域化算法是 SWAT－MODFLOW 不具备的，此算法具有独特的特点和优势（见第三章第一节）。

（六）PCR－GLOBWB－MOD

PCR－GLOBWB－MOD 基于陆面模型 PCR－GLOBWB 和地下水模型 MODFLOW。PCR－GLOBWB 是一种基于栅格的全球水文模型，采用 PCRaster 脚本语言编写。原始的 PCR－GLOBWB 模型分辨率为 $30' \times 30'$。Sutanudjaja 等（2011）将其降尺度到 $30'' \times 30''$（在赤道处约等于 $1km \times 1km$），并将其与地下水模型 MODFLOW 耦合起来（见图 2－5）。具体而言，PCR－GLOBWB 模型将地表以上和两个非饱和带蓄水层中的水文过程概念化（见图 2－5）。其中，它们的蓄水量用 S_1 和 S_2 表示，下标索引表示土层的顺序。而地下水模型部分包含一个底层的地下水蓄水层（S_3）。PCR－GLOBWB 中原始的地下水蓄水层无法表征侧向流，因此采用 MODFLOW 表征 S_3 中的地下水流动过程，从而实现对深部饱和侧向流的模拟（见图 2－5）。每个单元的径流包括地表径流 Q_{dr}、来自第二层土壤层的壤中流 Q_{sf} 和来自地下水层的基流 Q_{bf}。河道的总流量 Q_{chn} 是通过实施汇流方案（routing）来计算沿河流网络所有单元的总径流（见图 2－5）。该汇流方案是通过考虑地表水体的输移时长并基于单位水位图方法来实现的。

由于 PCR－GLOBWB 水文模型是为全球尺度开发的，PCR－GLOBWB－MOD 在模拟大尺度（流域尺度到全球尺度）水文过程方面具有很大优势。相关研究人员已经应用此软件模拟了 Rhine－Meuse 流域（总面积约为 $2 \times 10^6 km^2$）的地表水-地下水耦合过程（Sutanudjaja et al.，2014）。

（七）GSFLOW

GSFLOW，全称为 Coupled Ground－Water and Surface－Water Flow Model，是由美国地质调查局 USGS 开发的开源地表水-地下水耦合模型。GS-FLOW 基于分布式降雨-径流模型 PRMS 和地下水模型 MODFLOW。GS-FLOW 通过对两者源代码的修改，开发了用于在 PRMS 水文响应单元

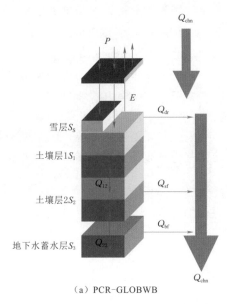

（a）PCR-GLOBWB

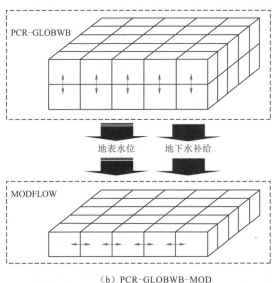

（b）PCR-GLOBWB-MOD

图 2-5　PCR-GLOBWB-MOD 模型耦合示意图（Sutanudjaja et al.，2011）

（HRU）之间以及 HRU 和 MODFLOW 有限差分单元之间汇流的方法。GS-FLOW 可通过同时模拟在地表和地下变饱和多孔介质的流动，实现对流域中的地表水-地下水耦合流动的模拟。GSFLOW 可用于评估土地利用变化、气候变化和地下水抽取等因素对地表水和地下水的影响。该模型旨在使用数值上高效的算法模拟影响地表水流和地下水流的关键水文过程。该模型采用了物理上较完备的方法来模拟降水的径流和入渗，以及地表水与地下水在几平方千米到几千平方千米流域中的相互作用。其模拟时间可以从几个月到几十年不等。GSFLOW 模拟三个水文区域内部和之间的流动。第一个区域的顶部是植物冠层，底部是土壤区的底部；第二个区域由所有的河流和湖泊组成；第三个区域是土壤带之下的地下水含水层。PRMS 用于模拟第一个区域的水文响应，MODFLOW 用于模拟第二个和第三个区域的水文过程。

GSFLOW 提供了一个强大的水文建模系统，可用于模拟流域水文循环。同时由于其开源的特性，未来也可以结合其他模拟技术来增强模拟能力。

第三章　mHM 和 OGS 模型介绍

第一节　分布式中尺度水文模型 mHM

一、mHM 模型简介

分布式中尺度水文模型 mHM 是一个以网格为基本计算单元的流域水文模型。它采用已成功应用在其他水文模型中的一阶数值近似解来刻画流域尺度的水文过程（见图 3-1）。它对水文过程的刻画方法与 HBV 和 VIC 水文模型类似。具体的水文过程刻画方法将在下一节中描述，在此不再赘述。一般而言，mHM 可以模拟以下过程：冠层截留、积雪和融化、土壤含水率动态变化、入渗和地表径流、蒸发蒸腾、地下水蓄水和排泄、深层入渗、基流、退水和洪水演进等水文过程。mHM 使用 Muskingum - Cunge 算法计算盆地出口处的河川径流。该模型由逐日的气象变量（例如降水和温度）驱动，并利用可观测到的物理特性或盆地的水文特征（例如土壤质地、植被和地质特性）来推

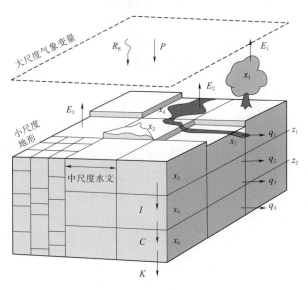

图 3-1　分布式中尺度水文模型 mHM 的示意图

断所需参数的空间变异性。mHM 是一个用 Fortran 2008 编写的开源项目，同时具有基于 OpenMP 概念的并行版本。mHM 已经在全球 1800 多个流域（包括国内的众多流域）得到了应用和验证。关于 mHM 水文模型的更多信息可参考 Samaniego 等（2010a）的文章。

中尺度水文循环的主要水文过程跨越了若干个空间尺度。为了刻画跨尺度的水文过程，我们在 mHM 模型中定义了三个空间尺度级别，以更好地表示水文状态和输入变量的空间变异性：

（1）l_0：此空间分辨率最高，适合描述地形地貌的主要特征、主要土壤特征和土地覆盖特征（例如土地利用、高程和土壤质地）。此级别的网格尺度定义为 l_0（见图 3-2）。

（2）l_1：此空间分辨率用于描述中尺度的主要水文过程以及盆地的主要地质构造。此级别的网格尺度定义为 l_1（见图 3-2）。

（3）l_2：此空间分辨率用于描述气象变量的变异性，例如对流性降水的形成。此级别的网格尺度定义为 l_2（见图 3-2）。

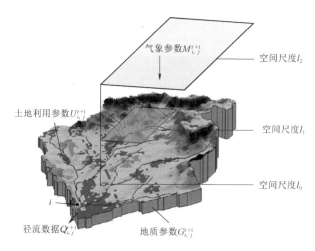

气象参数 $M_{i,j}^{t+1}$　　空间尺度 l_2

土地利用参数 $U_{i,j}^{t+1}$　　空间尺度 l_1

空间尺度 l_0

i

径流数据 $Q_{i,j}^{t+1}$　　地质参数 $G_{i,j}^{t+1}$

图 3-2　mHM 中的数据层次结构和建模级别

中尺度的盆地系统是一个开放的自然系统，由非均质性很强的物质组成，而且通常盆地的外部边界模糊不清。考虑到盆地的空间非均质性主要由土壤质地类型、土地覆盖类别和地质构造等离散的参数来描述，因此很难验证输入变量连续性假设的合理性。由于这些原因，mHM 采用常微分方程组（ODE）来描述流域内给定位置处水文状态变量的发展和演化过程。mHM 所采用的ODE 系统如下所示：

$$\dot{x}_{1i} = P_i(t) - F_i(t) - E_{1i}(t) \tag{3-1}$$

$$\dot{x}_{2i} = S_i(t) - M_i(t) \tag{3-2}$$

$$\dot{x}_{3i} = (1-\rho^{l})I_i^{l-1}(t) - E_{3i}^{l}(t) - I_i^{l}(t) \tag{3-3}$$

$$\dot{x}_{4i} = \rho^{1}[R_i(t) + M_i(t)] - E_{2i}(t) - q_{1i}(t) \tag{3-4}$$

$$\dot{x}_{5i} = I_i^{L}(t) - q_{2i}(t) - q_{3i}(t) - C_i(t) \tag{3-5}$$

$$\dot{x}_{6i} = C_i(t) - q_{4i}(t) \tag{3-6}$$

$$\dot{x}_{7i} = \hat{Q}_i^{0}(t) - \hat{Q}_i^{1}(t) \tag{3-7}$$

式（3-1）～式（3-7）中：i 为流域内的任一网格的编号；mHM 的输入变量及公式中的字母释义见表 3-1～表 3-5。

表 3-1　　　　　　　　　　mHM 模型的输入变量及其释义

输入变量	释　义
P	日降水量，mm/d
E_p	逐日潜在蒸散量，mm/d
T	日平均气温，℃

表 3-2　　　　　　　　　　mHM 模型的水文通量及其释义

水文通量	释　义
S	降雪量，mm/d
R	降雨量，mm/d
M	融雪量，mm/d
F	透流（Throughfall），mm/d
E_1	冠层的实际蒸发强度，mm/d
E_2	实际蒸散强度，mm/d
E_3	自由水体的实际蒸发量，mm/d
I	入渗强度或有效降水，mm/d
C	逾渗（Percolation），mm/d
q_1	来自不透水区域的地表径流，mm/d
q_2	快速壤中流，mm/d
q_3	慢速壤中流，mm/d
q_4	基流，mm/d

表 3-3　　　　　　　　　　mHM 模型的输出及其释义

输出	释　义
Q_i^{0}	在网格 i 处汇入河流的排泄量，m^3/s
Q_i^{1}	在网格 i 处排出河流的排泄量，m^3/s

表 3 - 4　　　　　　　　　　　　mHM 模型的水文状态及其释义

水文状态	释　义
x_1	冠层的蓄水量，mm
x_2	积雪的蓄水量，mm
x_3	根区土壤含水量，mm
x_4	水库或地表水体的蓄水量，mm
x_5	地下土壤蓄水层的蓄水量，mm
x_6	地下水储层的蓄水量，mm
x_7	河道型水库的蓄水量，mm

表 3 - 5　　　　　　　　　　　　mHM 模型的指标及其释义

指标	释　义
l	表示根区范围的索引
t	每个 Δt 间隔的时间索引
ρ^l	考虑单元内不透水面积的比例系数

二、多尺度参数区域化（MPR）方法

mHM 独有的一个特色是其参数化算法。mHM 的参数化过程是通过多尺度参数区域化（Multiscale Parameter Regionalization，MPR）方法实现。MPR 方法考虑了流域物理特性（如地形、土壤和植被）中亚网格尺度的变异性。MPR 方法使得 mHM 具有了在不同空间尺度上模拟水文过程的灵活性（Samaniego et al.，2010b）。mHM 将参数的空间分辨率分为三个级别，以更好地表示输入变量的空间变异性。通过基于物理过程的升尺度方法，可以动态联系不同空间尺度上的参数。如果读者感兴趣的话，Samaniego 和 Kumar 等（Samaniego et al.，2010a；Kumar et al.，2013）给出了 MPR 方法的详细说明，读者可以参考。

mHM 的每个网格最多需要 28 个参数（取决于模型设置）来刻画中尺度流域主要水文过程的空间变异性。这些参数的取值往往具有不确定性，因此必须通过校准来估计。如果对每个网格中的参数都进行校准的话，那么将产生大量具有自由度的参数，并导致校准过程中的过度参数化（over - parameterization）。由于校准过程中参数可行解的等价性，这反过来会增加模型预测结果的不确定性。此外，大量自由参数的高维度特性往往导致无法收敛到最优解，这对于最先进的优化算法来说也是一项艰巨的任务。为了克服这一问题，mHM 采用了原创性的多尺度参数区域化（MPR）方法。

基于这种区域化方法，分辨率较粗的网格（图 3-3 中的 l_1）的模型参数与其对应的更精细分辨率（图 3-3 中的 l_2）的参数产生了联系。这个联系是通过升尺度运算符完成的。具体来说，更精细分辨率的模型参数通过非线性转换函数进行区域化，非线性转换函数将集水区的观测数据与全局参数耦合。非线性转换函数是通过对水文过程的理解和经验公式来定义的。升尺度运算符 O 的一般形式为

$$\beta_{ki}(t) = O_k \langle \beta_{kj}(t) \ \forall j \in i \rangle_i \tag{3-8}$$

$$\beta_{kj}(t) = f_k(u_j(t), \gamma) \tag{3-9}$$

式（3-8）和式（3-9）中：$k = 1, \cdots, K$；K 为分布式模型参数的个数；u_j 为 l_0 层的单元格 j 的 v 维向量的预测值，它包含在 l_1 层的第 i 个单元格中；γ 为转换参数的 s 维向量，其中 s 表示要校准的自由参数的数量或总自由度；$O_k \langle \cdot \rangle_i$ 为应用于参数 k 的区域化算子。

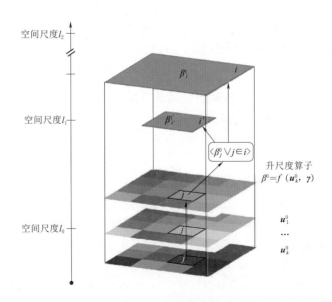

图 3-3 多尺度参数区域化（MPR）技术

  区域化算子的类型有许多种，包括了众数、算术平均数、最大差值、几何平均数和调和平均数等。通过建立这样的多尺度参数间的关系，校准算法的对象是转换函数的参数（$s = 45$），而不是每个网格内的模型参数。这样做的结果是，由于 $K \times n \gg s$，校准过程的复杂性和不确定性大大降低（其中 n 表示流域在 l_1 层的网格总数）。

三、参数估计问题

假设 $M\{f,g\}$ 是一个动态的、空间分布的、参数确定的数学模型，它将多个状态变量 x 与一些观测值相关联。这些观测值又分为输入 u 和输出 y。通常，该系统的方程组表示为

$$\dot{x}(i,t)=f(x,u,\beta,\boldsymbol{\gamma})(i,t)+\eta(i,t) \tag{3-10}$$

$$y(i,t)=\boldsymbol{g}(x,u,\beta,\boldsymbol{\gamma})(i,t)+\varepsilon(i,t) \tag{3-11}$$

式（3-10）和式（3-11）中：f 为 mHM（连续或离散）中的函数关系，表示水文状态随着时间的推移；$\boldsymbol{g}$ 为一个函数关系向量，用于量化由 $\hat{y}$ 表示的模型的预期输出（例如径流量）；ε 为由输入和输出的测量误差引起的系统不确定性；η 为 M 模型本身的简化或由于缺乏相关过程知识（即任何类型的模型结构缺陷）而产生的不确定性（在 mHM 中，该项没有被考虑）；β 为在 l_1 层估计的 mHM 参数值；$\boldsymbol{\gamma}$ 为由概率密度函数 Φ_{γ_s} 表征的全局参数向量；(i,t) 为空间和时间上的任意一个点。

一般来说，$\boldsymbol{\gamma}$ 可以表示为

$$\min_{\hat{\gamma}}=\parallel \boldsymbol{y}-\hat{\boldsymbol{y}} \parallel \tag{3-12}$$

式中：$\parallel \cdot \parallel$ 为用于参数估计的最优化算法。mHM 中提供了许多用于估计全局参数的程序（例如模拟退火算法、动态维度搜索法等）。其他的最优化技术可以在 CHS Fortran 库中找到。

四、模型校准原理

mHM 默认的校准方法是基于模拟退火的自适应约束优化算法，该算法通过分割采样技术（split-sampling technique）来估算 $\boldsymbol{\gamma}$ 的取值。衡量模型整体表现的指标为基于 Nash-Sutcliffe 系数（NSE）的四个估计量的加权组合：使用三个不同的时间尺度（每天、每月和每年）的流量以及流量的对数来淡化峰值流量对枯水流量的影响。这些目标函数表示为 ϕ_k，$k=1,2,\cdots,4$。每个目标函数都应该在区间 $[0,1]$ 中进行归一化，其中 1 代表可能的最佳解决方案。因此，要最小化的总体目标函数为

$$\Phi=\Big[\sum_{i=1}^{k} w_i^p (1-\phi_i)^p\Big]^{\frac{1}{p}} \tag{3-13}$$

式中：$p>1$，并且 $\sum_{i=1}^{4} w_i=1$；p 为根据目标函数的观测数量而定的指数；w_i 为每个目标的重要性的权重。

一般来说，应该尽量取较高的 p 值（例如 $p=6$），以减小校准过程中的不确定性。一般来说，与逐日径流相关的指标权重应是长期流量的两倍，因此

$\{w_i\} = \left\{\dfrac{2}{4}, \dfrac{1}{4}, \dfrac{1}{4}, \dfrac{2}{4}\right\}$。在任一时间 t' 的 NSE 可以表示为

$$\phi_k = 1 - \frac{\sum_{t'}\left[y_k(t') - \hat{y}_k(t')\right]^2}{\sum_{t'}\left[y_k(t') - \bar{y}_k(t')\right]^2} \tag{3-14}$$

式中：$\bar{y}_k(t')$ 为校准期间观测时间序列的平均值；k 为表示每日、每月、每年和转换后的 $\ln y(t)$ 流量；y 和 $\hat{y}$ 为在给定时间尺度上观察到的和模拟的径流。

如果读者需要了解关于 mHM 校准选项的更多详细信息，请参见 mHM 的用户手册。

五、mHM 的安装和运行

（一）下载 mHM

mHM 是由德国亥姆霍兹环境研究中心的团队为主体开发的开源软件。其代码已被上载到 GitLab 在线代码库，并可以通过以下链接自由下载：https：//git. ufz. de/mhm/mhm。通常来说，mHM 每年会在 6 月和 12 月进行版本更新。截至 2022 年 1 月，最新的 mHM 版本是 v5.11.2。mHM 采用 Fortran 2008 编写。因此，用户下载完源代码之后，需要使用 cmake 程序将源代码编译为可执行文件。mHM 的输出数据格式为 NetCDF。流域内所有的分布式水文状态和水文通量信息都整合在一个 NetCDF 文件中。用户可以使用 ncview 软件来读取 NetCDF 文件并提取 mHM 输出数据。

由于 mHM 是一个开源软件，源代码完全公开，用户可以在遵循 mHM 的许可条件的基础上，自由地修改代码。对代码作出贡献的开发人员将被纳入作者列表，并将出现在下一个 mHM 版本的数字对象标识符（DOI）中。

（二）安装 NetCDF

NetCDF（Network Common Data Form）网络通用数据格式是由美国大学大气研究协会（University Corporation for Atmospheric Research，UCAR）的 Unidata 项目科学家针对科学数据的特点开发的，是一种面向数组型并适于网络共享的数据的描述和编码标准。NetCDF 广泛应用于大气科学、水文、海洋学、环境模拟、地球物理等诸多领域。用户可以借助多种方式方便地管理和操作 NetCDF 数据集。

mHM 输入和输出文件格式皆为 NetCDF，因此用户的计算机系统需要安装相应的库。用户可访问 www. unidata. ucar. edu/software/netcdf 下载当前的 NetCDF 版本。NetCDF 的安装方法取决于用户的计算机系统：

（1）如果用户计算机为 Linux 系统，可以采用 apt 方法安装 NetCDF：

sudo apt - get install libnetcdf - dev libnetcdff - dev

（2）如果用户计算机为 Windows 系统，则需要通过 Cygwin（https：//www. cygwin. com/）进行安装。具体的安装方法请参考网上的说明文档（https：//mhm. pages. ufz. de/mhm/stable/getstarted. html）。

（三）编译 mHM

2019 年 6 月起，mHM 开发团队鼓励用户使用以下 cmake 安装指南：https：//git. ufz. de/mhm/mhm/blob/develop/doc/INSTALL. md。在 编 译 mHM 之前，用户必须安装以下软件：

（1）一个 Fortran 编译器。

（2）make 库（用于编译 mHM 源代码）。

（3）cmake 软件（3.5 版本以上）。

（4）netcdf – fortran 库（因为 mhm 所依赖的数据格式是 netcdf）。

（5）Git 软件。Git 是一个版本控制系统。如果用户想为 mHM 项目做出贡献，则强烈推荐使用 Git。用户可以使用 Git 将项目代码下载（克隆）到本地电脑并查看历史记录，也可以实时同步最新代码，而无需再次下载整个代码库。用户也可以在没有安装 Git 的情况下下载项目文件夹，但这将不允许用户从 mHM 在线数据库中提取更新最新代码，也无法将用户本地的修改实时推送到 mHM 在线数据库。

如果用户的系统是 Windows，则需要通过 Cygwin 来编译 mHM。Cygwin 是一个带有终端的环境，允许编译和运行类 Unix 系统的程序。用户可以在网上找到 Cygwin 的安装说明。在 Cygwin 及其依赖项安装完成后，将使用 Cygwin 安装 mHM。也就是说，mHM 将在该环境中运行，所有命令也在该环境中执行。在安装 Cygwin 时需要选择以下依赖项：

（1）gcc – fortran（Fortran 编译器）。

（2）make 库。

（3）cmake（3.5 版本以上）。

（4）libnetcdf – fortran – devel。

（5）libhdf5 – devel。

（6）libgfortran。

（7）gfortran。

在安装 Cygwin 时，用户必须选择一个镜像。镜像是指 Internet 上的服务器，从镜像中可以获取安装文件。用户应选择其所在城市附近的服务器。如果不确定的话，可以选择列表中的第一个。下一步，用户可以找到 Cygwin 提供的所有可用安装包，将视图设置为"完整"。在搜索面板中，用户可以通过上面列出的依赖项（例如 make 库）进行选择。当用户选择库的版本时，如果不是实验性库，则推荐安装最新的版本。

某些 Cygwin 版本会为用户创建一个新的主目录。用户可以检查此路径：

$C: \backslash cygwin64 \backslash home \backslash \$ username$

具体的编译步骤如下。

（1）在 Cygwin 中，首先将目录更改为 mHM 文件夹：

$cd\ mhm$

（2）在 mHM 文件夹中创建一个子目录，例如将子目录命名为 build：

$mkdir\ build$

（3）更改目录到 build 子文件夹：

$cd\ build$

（4）以 Git 源目录的路径作为目标路径，执行 cmake：

$cmake\ ..$

（5）执行 make：

$make$

如果一切顺利的话，则 build 文件夹将创建一个可执行文件：mhm. exe。至此 mHM 可执行程序编译完成。

如果用户的系统是 Ubuntu、Mint 或其他的 apt-get 类的 Linux 系统，则可以通过以下命令编译 mHM：

$sudo\ apt-get\ install\ git\ \#\ (optional)$
$sudo\ apt-get\ install\ gfortran\ netcdf-bin\ libnetcdf-dev\ libnetcdff-dev\ cmake$

（四）在测试盆地运行 mHM

在 mHM 的代码中，通常带有一个测试盆地，可用于测试 mHM 是否正确安装。该测试盆地通常位于：

$test\_basin /$

该目录里包含了测试盆地的输入数据。关于这个测试盆地的详细信息，可以在测试盆地详细信息一章中找到。默认情况下，所有参数和路径都已设置，因此用户可以使用以下命令启动模拟：

$. /mHM$

此命令将同时在两个测试盆地上运行 mHM，并在 test/output _ b * 中生成模型的输出文件（包括了排泄和降雨截留的信息）。如何查看并可视化模型输出将会在后续的章节中进行说明。

（五）运行用户自定义的模型

在用户创建自己的模型之前，需要了解 mHM 的输入文件。mHM 在运行时需要读取三个配置文件：

（1）mhm. nml。

（2）mhm _ output. nml。

（3）mhm _ parameters. nml。

在编辑这些文件时，我们建议对 Fortran 使用语法高亮（例如通过 emacs 设定）。这也将保证文件以 Fortran 语言标准要求的换行符结尾。如果用户使用外部程序编写这些文件，请确保编写的文件符合 Fortran 语言标准，特别是确保文件以新行结尾。

文件 mhm. nml 包含了目标盆地中运行 mHM 的主要配置。本节将概述此文件的结构。mhm. nml 的主要结构为：

（1）通用设置：为模拟中的所有盆地定义输出路径、输入查找表（Look - up tables）和输入数据格式（全部为"nc"或全部为"bin"）。

（2）盆地的路径：设置输入和输出的路径。为每个盆地创建一个子目录。删除不需要的子目录。

（3）时间分辨率：每小时或每天的时间步长。

（4）空间分辨率：水文模拟的空间分辨率应该取决于输入数据分辨率（例如气象数据为 4km，水文数据为 2km，地形数据为 100m）。汇流分辨率决定了水从单元到单元的速度。如果更改汇流方案，则需要重新校准模型。

（5）重新启动（restart）：mHM 也为用户提供了在模拟结束时保存整个模型配置（包括水文状态、水文通量、汇流网络和模型参数）的选项。基于此选项，mHM 能够使用此模型配置重新启动新的模拟，这减小了新的模拟中的计算时间，因为 mHM 不必重新设置模型（例如参数场和汇流网络）。

（6）模拟周期：一个完整的盆地模拟周期应该包含一个预热期（warming period），此预热期对模拟初始状态的正确性非常重要。用户的输入数据也需要覆盖整个预热期和之后的模拟期。

（7）土壤层：土壤参数（不是属性）在 mHM 中沿垂向被升尺度。在此部分中，用户指定水文过程的范围和深度。这是 mHM 区别于其他水文模型的特点。

（8）土地覆盖：用户可以提供不同年份的不同土地覆盖文件。

（9）LAI 数据：用于选择 LAI 数据选项。用户可以选择使用每月查找表的 LAI 值运行 mHM，或者选择使用网格化的 LAI 输入数据（例如 MODIS）运行 mHM。网格化的 LAI 数据必须以 l_0 级分辨率按每日时间步长提供。

（10）过程的选择开关：例如过程（5）即为潜在蒸散量（PET），可以选择不同的 PET 计算方法。其中包括了手动输入 PET ［processCase(5)＝0］、采用 Hargreaves - Samani 法计算 PET ［processCase(5)＝1］、采用 Priestley - Taylor 法计算 PET ［processCase(5)＝2］和采用 Penman - Monteith 法计算 PET ［processCase(5)＝3］。

（11）年度循环：水面蒸发值仅适用于不透水区域。气象输入数据表将每日输入数据分解为小时值。

mhm _ output. nml 文件设置了输出文件的格式。此文件规定了输出变量的频率（例如 timeStep _ model _ outputs＝24 表示为以每天为频率）和类型（水文通量和水文状态）写入最终 netcdf 文件 mHM _ Fluxes _ States. nc。通常建议只输出用户感兴趣的变量，因为输出文件的大小会随着包含变量的数量增加而大大增加。值得注意的是，校准期的模拟结果不会被写入输出文件。

mhm _ parameters. nml 文件包含了所有全局参数及其初始值。这些初始值是由经过验证的校准值（基于德国盆地）确定的，并且已被证明可以被转换到全球的其他流域。如果用户的研究区域的汇流分辨率与默认设置差异很大，则应重新校准这些参数。

（六）模型校准和优化

在默认设置下，mHM 运行时并不包含基于观测到的径流数据的校准过程。相反地，它将使用在 mhm _ parameters. nml 中定义的全局区域化参数（以 \ gamma 表示）的默认值。为了使模拟的径流符合观测到的数据，则必须重新校准 mHM。这将优化 \ gamma 参数，以便 mHM 的模拟匹配到观测的径流时间序列。最优化过程指的是通过多次运行 mHM 并在每次迭代的给定范围内采样参数，直到目标函数收敛到最佳拟合值的过程。

mHM 提供了四种可用的优化算法：

（1）MCMC（蒙特卡洛马尔可夫链法）：推荐使用参数集的蒙特卡洛马尔可夫链采样来估计参数不确定性。中间结果将被写入 mcmc _ tmp _ para-sets. nc 文件。

（2）DDS（动态维度搜索）：DDC 是一种最优化方法，可以在少量的迭代步内改进目标函数的值。但是，DDS 的结果不一定接近全局最优值。中间结果被写入 dds _ results. out 文件。

（3）模拟退火法：模拟退火法是一种全局优化算法。模拟退火法在问题收敛之前需要大量迭代步（可能比 DDS 法多 100 倍）。但已有研究表明，此算法得到的目标函数的残差更接近全局最小值。中间结果被写入 anneal _ re-sults. out 文件。

（4）SCE（Shuffled Complex Evolution）：SCE 是一种基于参数复合体混洗的全局优化算法。与 DDS 相比，它需要更多迭代步（例如比 DDS 法多 20 倍），但与模拟退火相比需要的迭代步更少。与 DDS 相比，SCE 更多的计算工作（即迭代步）导致其对全局最优值的估计也更可靠。中间结果被写入 sce_results.out 文件。

目前，mHM 中参数校准所依赖的目标函数包括以下几种：

（1）NSE（Nash - Sutcliffe Efficiency）：NSE 假设相对误差是线性的，适合用于校准高流量（High flow）。

（2）lnNSE：即 NSE 的对数，适合用于拟合低流量（low flow）。

（3）0.5×（NSE+lnNSE）：将 NSE 和 lnNSE 取加权平均，适合同时拟合高流量和低流量。

（4）似然性（Likelihood）：似然性是捕获可变误差的概率密度函数，适合用于拟合水文排泄。

（5）KGE（Kling Gupta model Efficiency）：KGE 是变异性、偏差和相关性的综合度量。

（6）PD（Pattern Dissimilarity）：PD 用于表征空间分布的土壤含水率的模式差异。

（7）ETC：其他多目标函数的组合（流量、TWS 异常、蒸散量、土壤水分等）。

校准 mHM 之前，需要在 mhm. nml 文件中进行以下设置：

```
optimize=. true
opti_method=1
```

opti_method 用于定义优化算法（0 表示 MCMC，1 表示 DDC，2 表示 SA，3 表示 SCE）。

```
opti_function=1
```

opti_function 表示目标函数：1 代表 NSE，2 代表 lnNSE，3 代表 NSE+lnNSE 的 50%，4 代表似然性。

```
nIterations=40000
```

nIterations 表示最大迭代次数。如果达到收敛标准，优化过程在达到此步数之前将提前退出。

```
seed=-9
```

seed 的默认值为-9，表示将从系统时钟中获取种子编号。请注意，如果用户在此处定义符号为正的种子，则模拟可能不是随机的。关于 mhm. nml 文件更具体的设置，请参考 mhm. nml 文件最后的注释和说明。

在 mhm _ parameters. nml 文件中，用户可以找到优化算法进行参数采样的初始值和可调整范围。模拟结果对参数的可调整范围非常敏感，而且 mHM 中默认的可调整范围已经通过详细的灵敏度分析确定，因此不建议更改它们。通过 FLAG 选项，用户可以选择允许优化的参数。请注意，参数优化需要很长时间，并且可能需要大量的计算机硬件资源。我们建议将这些工作在集群计算系统中运行。

在模型校准期间，mHM 不会自动写出水文通量、水文状态和盆地排泄量，因此用户需要使用校准后的参数运行一次模型。在模拟完成后，mHM 将最优的参数集写入以下文件：

［输出文件夹］/FinalParams. out

［输出文件夹］/FinalParams. nml

用户可以使用生成的名称列表（通过重命名后）直接运行 mHM，或将 FinalParams. out 中的结果作为新的初始值合并到 mhm _ parameters. nml 中。有两个脚本可以达成此效果：

pre‐proc/create_multiple_mhm_parameter_nml. sh

此脚本对多次优化运行很有用（可读取 FinalParams. out 中的许多行）。

post‐proc/opt2nml‐params. pl

此脚本用于分析优化后的模型表现。此脚本使用两个文件：pathto/Final-Params. out 和 pathto/mhm _ parameters. nml，它将会创建一个新的 mhm _ parameters. nml. opt 文件。此文件中将参数值更新为优化后的值。它也会直接显示在可调整范围内的新参数。如果有优化后的参数已接近其范围边界的 1% 则会发出警告。

在参数最优化完成后，关闭 mhm. nml 中的优化开关并重新运行一次 mHM 以获得优化后的模型输出。用户还应该检查参数值的演化过程和最终结果（通过 sce _ results. out 文件查看）。如果某参数的校准后的值在其可调整范围的最末端，则说明参数的最佳拟合值在可调整范围外，这种情况并不理想，需要仔细重新检查模型输入数据和其他设置。这种情况可能的原因是参数范围设置有误或输入数据的错误。

六、mHM 的数据准备

用户想要运行 mHM 的话，需要准备不同类型的数据集。本小节概述了 mHM 需要的一些可以免费获得的开放数据集。

（一）气象数据

气象数据通常可从研究区域所在国家的气象服务网站中获得。免费提供的替代方案是 EOBS（https：//www. ecad. eu/download/ensembles/ensembles. php）和 WATCH 数据集。相对来说，可能难以找到潜在蒸散量（PET）的测量数据。一种可能的解决方案是使用 Hargreaves - Samani 方法，通过更容易获得的平均、最高和最低气温来估算 PET。mHM 必需的两个气象变量是降水量（单位：mm）和平均气温（单位:℃）。根据 PET 的计算方法，可以定义以下几种 PET 的计算模式：processCase(5)＝0，表示通过手动输入确定 PET；processCase(5)＝1，表示通过 Hargreaves - Samani 方程计算 PET；process-Case(5)＝2，表示通过 Priestley - Taylor 方程计算 PET；processCase(5)＝3，表示通过 Penman - Monteith 方程计算 PET。这几种不同的 PET 计算方法需要的额外的气象变量见表 3 - 6。

表 3 - 6　　　　　　　　PET 的三种计算方法及其所需气象数据

名　　称	单位	时间分辨率
0 -潜在蒸散量	mm	每小时到每天
1 -最低气温	℃	每天
1 -最高气温	℃	每天
2 -净辐射	W/m^2	每天
3 -净辐射	W/m^2	每天
3 -空气的绝对蒸汽压	Pa	每天
3 -风速	m/s	每天

（二）地形数据

除了通常由政府相关部门提供的数字高程模型（DEM）之外，还有许多免费的替代方案，其中包括了覆盖南纬 60°到北纬 60°、空间分辨率为 3″（约 90m）的 SRTM 数据库（http：//srtm. csi. cgiar. org/），以及覆盖整个地球的、分辨率为 1″的 ASTER - GDEM 数据库（http：//gdem. ersdac. jspacesys-tems. or. jp/）。另外，HydroSHEDS 项目提供了经过水文校正的 SRTM 数据和许多不同分辨率的衍生产品（http：//hydrosheds. cr. usgs. gov/index. php）。

土壤和水文地质数据通常由地质调查局提供。在土壤数据方面，和谐世界土壤数据库（Harmonized World Soil Database）是一个免费的替代方案，可以从网上免费下载。mHM 所需的地形数据见表 3 - 7。

表 3 - 7   mHM 所需的地形数据

名　　　称	单位	时间分辨率
数字高程（DEM）数据	m	—
含有土壤性质的土壤地图（砂土和黏土百分比、每层密度及根区深度）	—	—
具有含水层特性的地质图（给水度、渗透率、含水层厚度）	—	—
河流位置	（m，m） （纬度，经度）	—

（三）土地覆盖数据

免费土地覆盖数据可从不同来源获得。Corine 计划为欧洲提供了分辨率为 100m 和 250m 的土地覆盖数据（http：//www.eea.europa.eu/publications/COR0 - landcover），Global Land Cover Map 2000 是一个覆盖全球的、分辨率为 1km 的土地覆盖类型数据库。mHM 所需的土地覆盖数据见表 3 - 8。

表 3 - 8   mHM 所需的土地覆盖数据

名　　　称	单位	时间分辨率
土地覆盖类型	—	每月或每年
叶面积指数	—	每星期或每月

（四）水文测站信息和其他数据

一般来说，当地政府部门拥有所在区域的水文站的径流量长时观测值。此外，全球径流数据中心为全世界数千个水文站提供不同时长的时间序列（http：//www.bafg.de/GRDC）。径流量观测数据的时间分辨率为每小时或每天，单位为 m^3/s。

mHM 可能还需要一些其他的可选数据库，其具体信息见表 3 - 9。

表 3 - 9   mHM 所需的可选数据

名　　　称	单　　位	时间分辨率
积雪	—	每日或每星期
陆面地表温度	K	每日或每星期
地下水站位置	（m，m）（纬度，经度）	—
地下水头观测值	m	每星期或每月
涡度协方差站位置	（m，m）（纬度，经度）	—
涡度协方差观测值	m	每小时

七、mHM 模型输出的可视化

在模拟完成后，mHM 通常将五个文件写入 mhm.nml 中指定的输出目录。这五个文件分别为：

ConfigFile. log

daily_discharge. out

discharge. out

mHM_Fluxes_States. nc

mRM_Fluxes_States. nc

除了这些文件之外，三个重启文件也保存在 mhm. nml 中指定的重启目录中：

xxx_config. out

xxx_L11_config. nc

001_states. nc

第一个文件 ConfigFile. log 是 ASCII 类型，总结了 mHM 模型的主要配置信息。第二个文件 daily _ discharge. out 也是 ASCII 类型，它可以被任何标准的文本编辑器或 ASCII 解释脚本读取。daily _ discharge. out 文件包含了模拟的和观测到的排泄量时间序列。第三个文件 daily _ discharge. out 中的排泄时间序列相同的信息也被存储在 discharge. nc 中，但采用 NetCDF 格式。第四个文件 mHM _ Fluxes _ States. nc 包含了所有空间和时间上的输出数据。第五个文件 mRM _ Fluxes _ States. nc（也是 NetCDF 文件）包含了汇流后的排泄量的时空分布。这些二进制的 NetCDF 文件可以使用 NCVIEW（NetCDF 库的一部分）、VISIT（LLNL 软件）或基于 Python（PyNGL）的分析脚本进行可视化。请注意，daily _ discharge. out、discharge. nc 和 mRM _ Fluxes _ States 只会在汇流过程开启时写入（即当 process _ case 8＝1 时）。

重启文件主要用于提高模型性能而不用于可视化目的。xxx 前缀表示盆地的编号。由于这些文件也被写入二进制的 NetCDF 文件，下面将进一步说明如何读取并理解 NetCDF 文件的内容。

为了快速分析模拟结果，我们推荐使用 NCVIEW，因为它可以通过命令行和 X 转发（X - forwarding）快速可视化这些文件。用户应首先确保在启动 NCVIEW 前加载 NC 模块。一个最基础的命令是

ncview FILE. nc

为了隐藏不必要的输出信息，用户可以将它们通过 pipe 命令传输到日志文件：

ncview FILE. nc 1> ~/log/ncview. out 2> ~/log/ncview. err

如果用户想通过服务器传输大型 nc 文件或在本地可视化它们，则可能需

要在传输之前压缩数据。可以使用 ncks 模块进行 nc 文件压缩，压缩后的文件大小通常会减少 30％～60％。用户可选择从最小（0）到最大（9）的压缩水平。以下命令中中的 – 4 开关将同时将 netcdf3 文件转换为版本 4：

ncks – 4 – L 9 IN. nc OUT. nc

在 Windows 系统中，我们推荐 CYGWIN 环境（包括 MINTTY、OPENSSH、XINIT 和 XMING）作为 X 服务器。另一种方法是使用基于 X – forwarding 的 PUTTY 软件。在 MINTTY 中的工作流程如下：

/bin/XWin. exe – multiwindow
ssh – Y SERVERNAME
module load ncview
ncview FILE. nc

在某些情况下，可能有必要将以下行添加到/etc/profile 文件：

export DISPLAY＝: 0

重启文件是在模拟的给定时间点的所有常数、参数、状态变量（一维或二维）和水文通量的简单二进制转储。这些文件的目的是在新模拟中执行后续 mHM 时间步长所需的模型，而无需执行衍生模拟（spin – out simulation）并节约直到上一个时间点的额外运行时间。存储的信息分为三类：①l_0 和 l_1 空间尺度的配置变量（xxx _ config. nc）；②l_{11} 级别的配置变量（即汇流）（xxx _ L11 _ config. nc）；③l_1 和 l_{11} 空间尺度的有效参数、水文状态、水文变量和水通量（xxx _ states. nc）。

八、在新盆地建立 mHM 模型的注意事项

本小节中的检查事项和协议描述了在 mHM 中设置新盆地的一些标准程序。它们仅仅基于作者的个人经验，并未涵盖到所有可能的注意事项。在用户使用 mHM 建立新盆地的模拟时，本节内容将被视为一个初步的指南。

除了 mHM 本身自带的检查输入数据错误功能（在 mo _ startup 函数中）之外，用户的输入数据仍然可能存在错误。在运行模型以及进行校准之前，用户应确保已正确地处理了输入数据。以下是使用 mHM 输出文件检测数据中可能存在问题的一些技巧。

（1）如果输入数据集足够的话，应在相对较长的时期内进行默认的 mHM 模拟（例如 20～30 年）。

（2）按月为时间步打印出分布式的水文通量和状态。当前 mHM 版本支持使用名称列表文件 mhm _ outputs. nml 实现此功能。用户只需要勾选

".TRUE"到要保存为 netcdf 文件的水文通量和状态。

然后根据下列的经验性准则，逐项检查模型输出：

（1）积雪的高度（L1_snowpack）。这个变量应该在那些有积雪或冰川的盆地中检查。在这些盆地中，应确保 case 2 outputFlxState(2)＝.TRUE。同时，山区或冰川地区的积雪量应高于其他地区，且冬季的积雪量应高于夏季。

（2）所有土壤层的体积平均土壤含水率。应确保 outputFlxState(5)＝.TRUE。在土壤湿润的情况下，冬季的土壤含水率应高于夏季。一般来说，丘陵地区的土壤含水率应高于平原地区。

（3）实际蒸散（aET）。应确保 outputFlxState(9)＝.TRUE。一般来说，冬季的 aET 应低于夏季，且丘陵地区的 aET 应低于平原地区。

（4）每个网格产生并汇流的总径流量。应确保 outputFlxState(10)＝.TRUE。一般来说，丘陵地区的径流量比平原地区高。

与此同时，应检查多个位置（即在多个网格单元）的水文通量和状态随时间的变化。这些水文通量和状态应该在不同的季节中表现出不同的行为。需要用户依据所具备的水文学知识和经验进行仔细检查。

强烈建议用户计算以下水文变量的长期年平均值：

（1）实际蒸散（aET）。

（2）总径流。

（3）降水（使用气象输入文件中提供的值）。

这可以让用户大致了解研究区域不同水文组分的水平衡状况。例如，与平原地区相比，由于降水量相对较高和 aET 值较低，丘陵地区应该表现出更高的径流量。如果计算径流系数的值（即长期平均年径流量除以长期平均年降水量），这些区域的值在盆地任何地点都应该小于 1.0。同时应计算长期平均年蒸散量除以长期平均年蒸腾量的值。这些值也应该在任何地方都小于 1.0。最后，用户应将每个变量的各自空间模式与一些已知的文献中的结果进行比较，以确保模型的输入数据准确无误。

以上检查列表只是可能的几个基于作者个人经验的总结。简而言之，细致的模型检查是确保模型正确的必不可少的步骤。

九、mHM 的应用案例

由于 mHM 具有模型复杂度适中、参数数量适中、计算效率快等特点，尤其是其多尺度参数区域化技术可以解决参数的跨尺度问题，非常适合大尺度的水文建模。本小节介绍了 mHM 在模拟洲际尺度的水文过程的三个应用案例。

首先，Thober 等（2018）将 mHM 用于预估未来不同升温情景下的欧洲洪水灾害风险当中。严重的河流洪水往往会造成巨大的经济损失和人员伤亡。1980 年以来，欧洲已报告了近 1500 起此类洪水事件。Thober 等（2018）采用 mHM 等水文模型，模拟了全球不同升温水平（1.5℃、2℃ 和 3℃）对欧洲洪水的影响。他们使用包含三个水文模型（mHM、Noah - MP、PCR - GLOBWB）的多模型集合法评估了三个代表性浓度路径（RCP2.6、RCP6.0 和 RCP8.5）下的五个大气环流模型（GCM）。值得注意的是，这种多模型集合是包含了 45 个 GCM/RCP 的组合，并且在整个欧洲范围具有 5km 的高分辨率。多模型集合模拟结果表明，地中海地区是水文过程变化的热点区域，洪水流量在升温 1.5℃ 情景下将减小 11%，而在升温 3℃ 情景下将减小 30%。其主要原因是由于降水减小。在不同升温水平下，中欧和不列颠群岛的洪水流量的变化都非常微小（<±10%）。在加斯堪的纳维亚地区，预计更高的年降水量会增加洪水流量，但积雪融化量的减小会减少该地区的洪水事件的频率。研究表明，GCM 对集合模拟整体不确定性的贡献总体上高于不同的水文模型。他们指出，为了避免升温 3℃ 情景下更多的极端水文事件，控制全球变暖的趋势势在必行。此项研究于 2018 年发表在了国际权威期刊 *Environmental Research Letters* 上。

Marx 等（2018）研究了在不同程度的变暖（即相对工业化前升温 1.5℃、2℃ 和 3℃）下，欧洲大陆河流中的枯水流量的响应情况。与 Thober 等的研究类似，该研究同样基于三个 RCP（RCP2.6、RCP6.0、RCP8.5）、五个 GCM（GFDL - ESM2M、HadGEM2 - ES、IPSL - CM5A - LR、MIROC - ESM - CHEM、NorESM1 - M）和三个先进的水文模型（mHM、Noah - MP 和 PCR - GLOBWB）。在全欧范围，他们建立了 5km 的空间分辨率下逐日的水文模型。研究结果表明，枯水流量的变化随着升温水平的增加而增加。地中海地区的枯水流量很可能会减少，而北欧地区的枯水流量很可能增加。在地中海地区，枯水流量将从升温 1.5℃ 情景下降低 12%（与 1970 年到 2000 年基线时期相比）放大到升温 3℃ 情景下降低 35%。相比之下，由于升温情景下积雪融化加剧，阿尔卑斯地区的枯水流量随温度升高而增大。根据分析结果，Marx 等（2018）建议：①在气候影响研究中使用多个水文模型以降低不确定性；②在未来气候变化情景中考虑多气候模式的集合。此项研究于 2018 年发表在了国际权威期刊 *Hydrology and Earth System Sciences* 上。

Samaniego 等（2018）运用 mHM 预估了未来气候变化情景下土壤水分干旱的情况。经验表明，气候变暖将加剧土壤水分干旱。然而，由于对未来变暖情景的不同预估，对于土壤水分干旱情况的预测伴随着很大的不确定性。Samaniego 等（2018）使用了一组包含三个水文模型（包含 mHM）的集合，使用偏差校正法来缩小 GCM 模型输出的不确定性，估计了全球平均温度从

1.5℃到 3℃情景下对欧洲土壤干旱的影响。与巴黎气候协定制订的升温 1.5℃
的目标相比，3℃的升温会使整个欧洲的干旱面积增加 40%（±24%），影响
多达 42%（±22%）的人口。此外，与 2003 年类似的干旱事件相比，升温
3℃情景下土壤干旱事件频率增加了一倍。因此，由于干旱频率的增加，类似
于 2003 年的干旱将不再被归类为极端事件。Samaniego 等（2018）指出，在
缺乏有效缓解措施的情况下，欧洲将可能因此面临前所未有的土壤干旱情况。
此项研究于 2019 年发表在了国际权威期刊 *Nature Climate Change* 上。

第二节　多孔介质多物理场耦合过程求解器 OGS

OpenGeoSys（OGS）是一个开源的数值代码开发项目，旨在开发模拟多
孔介质和裂隙介质中的传热-水力-力学-化学（THMC）耦合过程的数值方
法。OGS 是用 C++编写实现的；它是面向对象的，重点是求解多物理场耦
合问题的数值解。OGS 的并行版本依赖于并行计算库 MPI 和 OpenMP。目
前，OGS 的应用领域包括了水资源管理、水环境、地热能开发、能源储存、
二氧化碳地质封存和核废料地中隔离等。

基于待求解问题的非线性程度，OGS 对大型偏微分方程组可以采用两种
计算方法：直接求解和迭代求解。OGS 的应用场景涵盖了渗流力学、多相流、
压力溶解、反应性运移、非等温组分流等复杂的多孔介质多场耦合问题（见表
3-10）。

表 3-10　　　　　　　　　　OGS 的 应 用 场 景

物理过程简称	问题类型	物理过程简称	问题类型
H	地下水渗流	HC^n	反应运移
H^2	两相流	TH	非等温可压缩流
M	固体力学	TH^2	非等温两相流
HM	非饱和固结	THM	非等温不饱和固结
TM	热应力问题	THC^n	非等温组分流
MC	压力溶解	TMC	非等温压力溶解

一、OGS 的开发现状

OGS 的开发历史可以追溯到 20 世纪 80 年代。OGS 的前身是由汉诺威大
学开发的 RockFlow。RockFlow 是为了模拟复杂地质结构中的渗流问题而开
发的，由 Fortran 编写。后经过了几代的重写和改进，OGS 已经发展到了第
六代版本（OGS6）。OGS6 由 C++编写，针对大型非线性方程组的快速有效

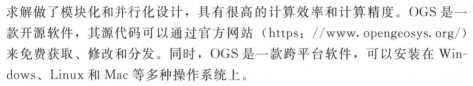

求解做了模块化和并行化设计，具有很高的计算效率和计算精度。OGS是一款开源软件，其源代码可以通过官方网站（https：//www.opengeosys.org/）来免费获取、修改和分发。同时，OGS是一款跨平台软件，可以安装在Windows、Linux和Mac等多种操作系统上。

OGS具有众多的数据接口，可以非常方便地导入包括栅格数据、矢量数据、地质数据、观测和监测数据等在内的多源数据。同时，OGS具有一个强大的可视化集成界面Data Explorer。用户可以非常方便地通过这个可视化界面进行前处理、计算和后处理的建模全过程。

有限元计算中最消耗计算资源的任务包括：

（1）计算单元刚度矩阵的元素数值，并组装成总体刚度矩阵。

（2）根据整体刚度矩阵，求解线性方程组。

如果将有限元法用于解决实际的大规模问题，例如地热能存储、CO_2地质封存、核废料地中隔离等，则为获得准确的结果，包括硬件和时间在内的计算资源量很容易达到物理极限。因此，计算效率是处理此类实际问题必须考虑的关键问题。为了模拟复杂的三维精细的地质体的多场耦合过程，并行计算已经成为了一个必须的选项。OGS具有并行计算的功能，并且并行算法已经被应用到大规模场地尺度的复杂问题中。OGS的并行化主要基于重叠域分解方法（Domain Decomposition Method）。通过区域分解算法，分解后的全局矩阵由PETSc处理，线性方程组由高效的PETSc求解器求解。其中，PETSc是一个建立在消息传递接口（MPI）基础上的并行化模块。PETSc软件包用于线性方程组系统的整体装配和线性求解器中的计算任务的并行化。OGS为了并行化线性方程组的整体组合，使用了重叠域分解方法。经过并行化之后，OGS的求解效率和求解能力大大增强。

目前可用的OGS版本是OGS5（https：//www.opengeosys.org/ogs-5）和OGS6（https：//www.opengeosys.org）。OGS6在OGS5的基础上做了重写，计算效率和并行计算能力都有提升。使用者较多的版本是OGS5，因此如果不加说明，本书里面的OGS特指OGS5。

二、OGS的应用领域

传热-水力-力学-化学（THMC）多场耦合是分析深部高温、高压、高地应力条件下的地质工程安全性的基础问题。OGS的主要应用领域包括了地下水资源开发与利用、地热能开发、地下储气库、深部隧道工程、二氧化碳地质封存、核废料地中隔离等地质工程。在水文地质领域，OGS已应用于区域尺度地下水流动和运移过程模拟（Sun et al.，2011；Selle et al.，2013）、污染物水文学（Walther et al.，2014）、反应性运移（He et al.，2015）和海水入侵（Walther et al.，2014）等。

例如，在深部地质介质（即晶体、盐、沉积物和火山岩层）处置高放核废料是减小核废料环境危害的重要措施。如何选取最适合的处置地点，如何优选母岩类型作为隔离废物的岩土屏障（包括碎盐、膨润土和膨润土/砂土混合物）是一个需要讨论的议题。因此，需要 THMC 耦合模型来进行储存过程的长期安全性和环境风险评估。基于此，Nowak 等（Nowak et al.，2011）使用 OGS 建立了多场耦合模型来评估核废料地质储存的环境风险，为高放核废料地质储存选址提供了科学依据。

岩浆环境下的地热能项目是近几年比较热门的研究方向。这种地热能项目具有高温高压的特点，流体呈现超临界状态，即增强型超临界地热系统（Enhanced Supercritical Geothermal Systems，ESGS）。超临界地热系统的产能效率达到了普通地热系统的 10 倍。它还具有非常低的流体黏度，有利于增加利用效率。但是，超临界地热系统由于地质条件异常复杂，目前还没有成熟的开发经验。Parisio 等（2019）利用 OGS 软件系统模拟了超临界地热系统中长期流体注入的过程，并对其安全性和诱发地震的风险进行了评估。该研究发现长期冷水回注可能增加断层的破坏，进而提高诱发地震的风险。

OGS 在水文地质领域也有广泛的应用。OGS 已经被成功地用来模拟北京南口盆地的地下水流动和运移，并很好地拟合了由于过度抽采引起的地下水漏斗的演化情况（Sun et al.，2011）。Sun 等采用 OGS 模拟了南口地区三维区域地下水流过程，并根据分布式的钻孔数据再现了区域地下水流场。瞬态地下水流模拟复现了 2000—2010 年观测到的地下水位下降，并模拟在地下水抽水区形成的地下水漏斗。在德国中部的农业区，OGS 被用来模拟农业区的非点源污染物在地下水含水层中的输运过程，模拟结果与实测数据的匹配度高（Jing et al.，2021）。

限于篇幅，本书无法涵盖所有 OGS 的应用实例。关于 OGS 的更多应用实例，读者可以查阅 OGS 的相关书籍和论文进行进一步了解。

三、OGS 的安装和运行

OGS 为开源软件，其源代码、可执行程序和相关的工具箱均公开于线上网站：https：//www.opengeosys.org/。OGS 提供跨平台的软件支持，可在 Windows、Linux 和 Mac 等主流计算机平台运行。OGS 除了基于有限元编译而成的可执行文件外，还有一个免费的可视化界面 Data Explorer。此软件也可以通过以上链接自由下载并安装。

对于 Windows 用户，安装 OGS（本书中指 OGS5）的方法如下：

（1）首先，用户在网上下载 OGS 可用版本的可执行文件。此步的链接如下：https：//www.opengeosys.org/releases/#ogs-5。

（2）下载完成后，用户便可运行此程序。用户可用双击运行，也可以通过命令行的形式运行。为了更灵活地使用，推荐采用命令行的形式运行。运行OGS 的命令为：

\ogs.exe［项目的地址］\［项目的名称(不含后缀)］

OGS5.7 版本的可执行程序界面（Windows 系统）如图 3-4 所示。当每次 OGS 运行完成后，OGS 将根据 OUT 文件中预定义的输出变量、输出格式和输出精度（即定义输出数据的时间步和空间位置），将模拟结果输出并保存到所在项目的文件夹。输出结果支持多种格式，用户可以使用第三方可视化软件（如 Tecplot 和 Paraview）进行可视化，或使用 OGS 本身的可视化界面Data Explorer 进行可视化。

```
##################################################
##                                              ##
##          OpenGeoSys-Project                  ##
##                                              ##
##  Helmholtz Center for Environmental Research ##
##   UFZ Leipzig - Environmental Informatics    ##
##              TU Dresden                      ##
##           University of Kiel                 ##
##         University of Edinburgh              ##
##       University of Tuebingen (ZAG)          ##
##      Federal Institute for Geosciences       ##
##         and Natural Resources (BGR)          ##
##  German Research Centre for Geosciences (GFZ) ##
##                                              ##
##     Version 5.7(WH/WW/LB)  Date 07.07.2015   ##
##                                              ##
##################################################

File name (without extension):
```

图 3-4　OGS5.7 版本的可执行程序界面（Windows 系统）

四、OGS 的输入文件

在 OGS5 中，每个 OGS 的模拟工作（包括输入文件、模拟过程和输出文件）被称为一个项目。每个项目的输入文件需要命名为相同的名字（一般为项目名称），然后采用后缀区别彼此。同时，这些文件需要被放置在一个相同的文件夹之中，以便 OGS 程序读取这些文件。OGS 所需要的输入文件类型、缩写和后缀见表 3-11。

表 3-11 中列举了 16 个输入文件类型。这些输入文件并非全部都是必需的。例如，稳态的饱和地下水单相流动过程就不需要 MSP、REC、MCP 及RFR 文件。下面我们将简要介绍 OGS 中比较重要的几个输入文件，并给出范例。

表 3-11　　　　　　　　　OGS5 输入文件类型、缩写及后缀

文件类型	文件缩写	文件后缀	文件类型	文件缩写	文件后缀
描述过程	PCS	*.pcs	描述化学反应	REC	*.rec
定义初始条件	IC	*.ic	时间步剖分	TIM	*.tim
定义边界条件	BC	*.bc	数值求解器设定	NUM	*.num
定义源汇项	ST	*.st	定义输出文件	OUT	*.out
定义流体性质	MFP	*.mfp	并行计算设置	DOM	*.ddc
定义固体性质	MSP	*.msp	模型几何设置	GEO	*.gli
定义介质性质	MMP	*.mmp	重新开始文件	RFR	*.rfr
定义组分性质	MCP	*.mcp	网格文件	MSH	*.msh

（一）PCS 文件

PCS 文件定义了 OGS 模拟的物理、化学或生物过程。PCS 文件的后缀为 .pcs。OGS 首先读取 PCS 文件中的关键字 ♯PROCESS，然后读取 ♯PROCESS 后面的具体过程定义。在 ♯PROCESS 关键字下面，采用关键字 $PCS_TYPE 定义过程名称。$PCS_TYPE 中的选项及其代表的过程见表 3-12。一个典型的 PCS 文件示例如图 3-5 所示。

表 3-12　　　　　　　$PCS_TYPE 中的选项及其代表的过程

选　项	过程	选　项	过程
LIQUID_FLOW	不可压缩单相流	TWO_PHASE_FLOW	两相流
GROUNDWATER_FLOW	饱和地下水流	MULTI_PHASE_FLOW	多相流
RIVER_FLOW	河流地表水流	COMPONENTAL_FLOW	组分流
RICHARDS_FLOW	非饱和地下水流	HEAT_TRANSPORT	热传导
OVERLAND_FLOW	地表径流	DEFORMATION	多孔介质变形
GAS_FLOW	介质中的气相流动	MASS_TRANSPORT	物质输移

（二）IC、BC 和 ST 文件

IC、BC 和 ST 文件分别定义了模型中的初始条件、边界条件和源汇项。在这三类文件中，OGS 首先读取文件的关键字。在 IC 文件中，文件关键字是 ♯INITIAL CONDITION。在 BC 文件中，文件关键字是 ♯BOUNDARY_CONDITION。在 ST 文件中，文件关键字是 ♯SOURCE_TERM。文件关键字读取完毕后，OGS 将读取模型设置的关键字，包括了 $PCS_TYPE（定义过程）、$PRIMARY_VARIABLE（定义变量名称）、$GEO_TYPE（定

```
abdul.pcs
 1  GeoSys-PCS: Processes
    -------------------------------------------
    ----
 2  #PROCESS
 3   $PCS_TYPE
 4    OVERLAND_FLOW
 5   $NUM_TYPE
 6    NEW
 7
 8  #PROCESS
 9   $PCS_TYPE
10    GROUNDWATER_FLOW
11   $NUM_TYPE
12    NEW
13
14  #PROCESS
15   $PCS_TYPE
16    RICHARDS_FLOW
17   $NUM_TYPE
18    NEW
19
20  #STOP
21
22
```
length : 269 lines Ln : 9 Col : 11 Sel : 0 | 0   Windows (CR LF) UTF-8   INS

图 3-5 一个典型的 PCS 文件示例

义几何名称）和 $ DIS _ TYPE（定义赋值方式）等。$ PRIMARY _ VARIA-
BLE、$ GEO _ TYPE 以及 $ DIS _ TYPE 的具体设置见表 3-13。

表 3-13 $ PRIMARY _ VARIABLE、$ GEO _ TYPE 和 $ DIS _ TYPE 的参数设置

关键字	选 项	释 义
$ PRIMARY _ VARIABLE	PRESSUREx	第 x 相流体的压力
	SATURATIONx	第 x 相流体的饱和度
	HEADx	第 x 相流体的水头
	TEMPERATUREx	第 x 相流体的温度
	DISPLACEMENT _ X	沿 X 方向的位移
	DISPLACEMENT _ Y	沿 Y 方向的位移
	DISPLACEMENT _ Z	沿 Z 方向的位移
	CONCENTRATIONx	第 x 个组分的浓度
$ GEO _ TYPE	POINT	定义点
	POLYLINE	定义多段线
	SURFACE	定义面
	DOMAIN	全部模拟域
	VOLUME	定义体

续表

关键字	选 项	释 义
$ DIS _ TYPE	CONSTANT	将参数值赋予每个节点
	CONSTANT _ NEUMANN	将参数值乘以节点之间的长度或面积后赋予每个节点
	LINEAR	将参数值在节点之间线性插值
	LINEAR _ NEUMANN	将参数值乘以节点之间的长度或面积后，再进行线性插值
	RIVER	将取值（取决于地下水头和河流参数）乘以节点之间长度或面积后线性分配给每个节点
	CRITICALDEPTH	地表水流的临界深度
	SYSTEM DEPENDENT	自由渗水面

（三）MFP、MSP 和 MMP 文件

MFP、MSP 和 MMP 文件分别定义了模型中的流体性质、固体性质和多孔介质性质。在这三类文件中，OGS 同样首先读取文件的关键字。在 MFP 文件中，文件关键字是 ♯FLUID _ PROPERTIES。在 MSP 文件中，文件关键字是 ♯SOLID _ PROPERTIES。在 MMP 文件中，文件关键字是 ♯ MEDIUM _ PROPERTIES。文件关键字读取完毕后，OGS 将读取模型设置的关键字，包括了 $ FLUID _ TYPE、$ PRIMARY _ VARIABLE、$ GEO _ TYPE 和 $ DIS _ TYPE 等。MFP、MSP 和 MMP 文件中可用关键字的设置见表 3 – 14。

表 3 – 14 　　　　　　　MFP、MSP 和 MMP 文件中可用关键字的设置

关键字	选项	释 义
$ DENSITY	0	密度由 ♯CURVE 来定义
	1	密度为恒定值（不可压缩流）
	2	密度可变（可压缩流）
	3	与密度相关的流动（density dependent flow）
$ VISCOSITY	与 $ DENSITY 相同	定义流体黏度
$ HEAT _ CAPACITY	0	比热容由 ♯CURVE 来定义
	1	比热容为恒定值
	2	基于焓的相变
	3	由 ♯CURVE 定义的焓的相变

续表

关键字	选项	释　　义
$HEAT_CONDUCTIVITY	—	定义热传导系数
$PERMEABILITY_TENSOR	0	相对渗透率由 #CURVE 来定义
	1	渗透率为恒定值（饱和流）
	2	相对渗透率线性变化
	21	相对渗透率为饱和度的线性函数
	4	相对渗透率由 van Genuchten 方程定义
$POROSITY	—	定义孔隙度

（四）GEO 和 MSH 文件

GEO 和 MSH 文件分别定义了模型中的几何性质和网格性质。在这两类文件中，OGS 同样首先读取文件的关键字。在 GEO 文件中，文件关键字是 #POINT、#POLYLINE、#SURFACE 和 #VOLUME。在 MSH 文件中，文件关键字是 #FEM_MSH。文件关键字读取完毕后，OGS 将读取模型设置的关键字，包括了 $GEO_TYPE、$NAME、$TIN 和 $DIS_TYPE 等。一个典型的 GEO 文件如图 3-6 所示。MSH 文件通常通过 OGS 的图形化界面 Data Explorer 创建，也可以由第三方网格剖分软件 Gmsh 创建。

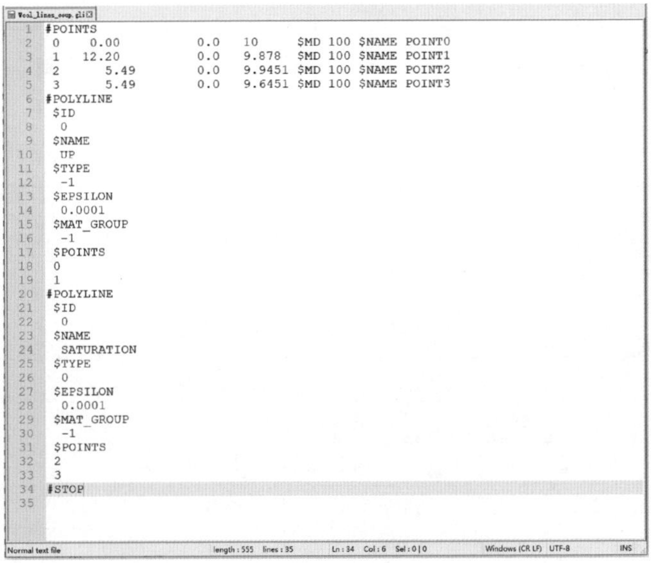

```
#POINTS
 0    0.00          0.0   10     $MD 100 $NAME POINT0
 1   12.20          0.0   9.878  $MD 100 $NAME POINT1
 2      5.49        0.0   9.9451 $MD 100 $NAME POINT2
 3      5.49        0.0   9.6451 $MD 100 $NAME POINT3
#POLYLINE
 $ID
  0
 $NAME
  UP
 $TYPE
  -1
 $EPSILON
  0.0001
 $MAT_GROUP
  -1
 $POINTS
 0
 1
#POLYLINE
 $ID
  0
 $NAME
  SATURATION
 $TYPE
  0
 $EPSILON
  0.0001
 $MAT_GROUP
  -1
 $POINTS
 2
 3
#STOP
```


图 3-6　一个典型的 GEO 文件

（五）NUM 文件

NUM 文件定义了模型中的数值求解器设置。NUM 文件的关键字是

♯NUMERICS。文件关键字读取完毕后，OGS 将读取模型设置的关键字，包括了 $PCS\_TYPE、$LINEAR_SOLVER 和 $COUPLING\_ITERATIONS 等。其中，$PCS TYPE 指定了一个过程，而关键字 $LINEAR SOLVER 后面的数据定义了控制线性求解器收敛的参数（见表 3 - 15）。

表 3 - 15   OGS 中线性求解器的设置

名称	选项	释 义
Method（方法）	1	SpGAUSS（直接求解）
	2	SpBICGSTAB
	3	SpBICG
	4	SpQMRCGSTAB
	5	SpCG
Error（误差）	0	绝对误差，$\parallel r \parallel < \varepsilon$
	1	$\parallel r \parallel < \parallel b \parallel$
	2	$\parallel r_n \parallel < \varepsilon \parallel r_{n-1} \parallel$
	3	如果 $\parallel r \parallel > 1$，则 $\parallel r_n \parallel < \varepsilon \parallel r_{n-1} \parallel$；否则，$\parallel r \parallel < \varepsilon$
Preconditioner（预处理器）	0	无
	1	Jacobi
	100	ILU

耦合求解循环由关键字 $COUPLING ITERATIONS 控制，其选项包括耦合过程名称的首字母缩写词、最大迭代次数和容差等。例如，如果用户对 THM 耦合（热 - 流 - 固耦合）问题建模，则 CPL_NAME1 应是 THM，而 CPL_NAME2 应是 TH。如果没有提供关键字 $COUPLING ITERATIONS，将使用默认的最大迭代次数。关键字 $NON LINEAR SOLVER 定义了非线性求解器的配置（见表 3 - 16）。

表 3 - 16   OGS 中非线性求解器的选项及释义

名称	选项	释 义
Method（方法）	PICARD	PICARD 迭代法
	NEWTON	Newton - Raphson 迭代法
Error（误差）	浮点数	Newton - Raphson 全局迭代步的容差
Tolerance（容差）	浮点数	Picard 或 Newton - Raphson 局部迭代步的容差

（六）OUT 文件

OUT 文件定义了 OGS 模型中的输出文件的格式。OUT 文件的关键字是 ♯OUTPUT。文件关键字读取完毕后，OGS 将读取模型设置的关键字，包括了$VAR_TYPE（输出变量类型）、$GEO_TYPE、$TIM_TYPE 和$MSH_TYPE（网格性质）等。其中，$TIM_TYPE 指定了输出文件所在的时间步。一个典型的 OUT 文件如图 3－7 所示。

```
#OUTPUT
 $NOD_VALUES
  PRESSURE1
  CONCENTRATION1
 $ELE_VALUES
  VELOCITY1_X
  VELOCITY1_Z
 $GEO_TYPE
  DOMAIN
 $DAT_TYPE
  PVD
 $TIM_TYPE
  STEPS 1
#STOP
```

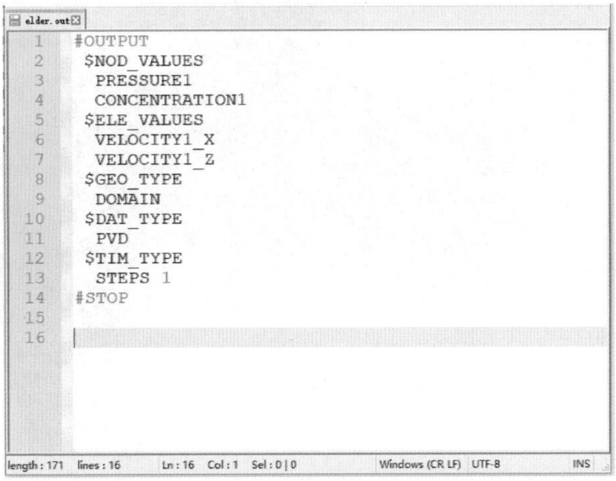

图 3－7　一个典型的 OUT 文件

五、OGS 的前后处理功能

OGS 的有限元网格建立和剖分一般通过两种方式进行。对于普通的一维、二维和三维网格，OGS 的网格一般通过开源网格剖分软件 Gmsh 进行构建。Gmsh 是带有内置 CAD 引擎和后处理器功能的开源三维有限元网格生成器。其设计目标是提供具有参数输入和高级可视化功能的快速、轻便和用户友好的网格划分工具。通过 Gmsh 生成的网格可以直接导入 OGS 进行有限元计算。对于一般的建模，Gmsh 可以满足大多数的需要。网格剖分软件 Gmsh 的图形化界面如图 3－8 所示。

对于复杂的、基于地质资料的大型三维地质体的建模，OGS 具有与专业地质建模工具 GOCAD 的接口。用户可以通过 GOCAD 建立复杂的三维地质模型，然后通过接口 GO2OGS 将地质模型转换为有限元网格，进而进行有限元计算。OGS 可以通过集成的图形化界面 Data Explorer 直接进行后处理和数据可视化。用户也可以借助专业的数据可视化工具（例如 Tecplot 和 Paraview）进行数据可视化。

Data Explorer 是 OGS 的图形化用户界面（见图 3－9）。该界面允许用户可视化三维数据、评估输入数据以及展示模拟结果。模型的其他数据（例如时间序列数据或钻孔地层数据）可以在单独的窗口中查看。与 OGS 模拟软件本身一样，Data Explorer 是跨平台的（支持 Windows 和 Linux 操作系统），并

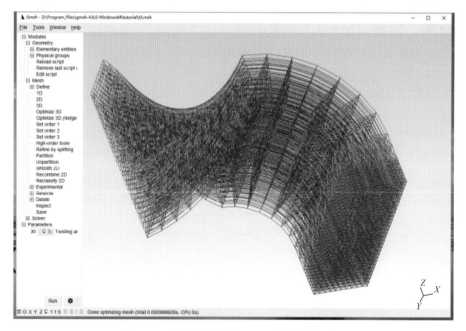

图 3-8　网格剖分软件 Gmsh 的图形化界面

采用与命令行模式相同的基本数据结构和文件格式。此外，它还提供了大量模型接口，用于导入由 ArcGIS、地下水建模软件 GMS 等成熟的软件创建的文件。同时，Data Explorer 具有与 Petrel（http：//www. software. slb. com）和 GoCAD（https：//www. pdgm. com/products/gocad/）的模型接口。此外，所有数据集都可以导出为预先设定的图像格式，并允许使用 ParaView 或 Unity 等专用软件来进行复杂水文数据的可视化。图 3-9 显示了 Data Explorer（OGS 的图形化界面）的用户界面组成元素。用户界面的三个基本组成元素是"数据视图""渲染窗口"和"可视化管道"（见图 3-9）。

　　Data Explorer 中有四个不同的数据视图选项卡，其中数据以列表的形式呈现。选项卡中的特定文件的内容由该文件中的数据类型决定。具体来说，一个选项卡用于显示几何信息，一个用于可视化网格，一个用于显示站点信息（即观测点信息），一个用于显示建模信息（即过程、边界条件等）。几何信息的数据视图包含一个几何形状的信息列表。每个几何文件最多有三个子项，分别为"点""多段线"和"曲面"。例如，"点"选项包含一个由节点组成的列表，并且可以显示每个点的索引、坐标和名称。每个几何体都必须包含一个点列表。其他几何对象（即多段线或曲面）并非必选项。同样地，站点选项卡包含一个观测站点的列表。用户可以依次展开这些列表并查看每个列表中的各个站点或钻孔信息。

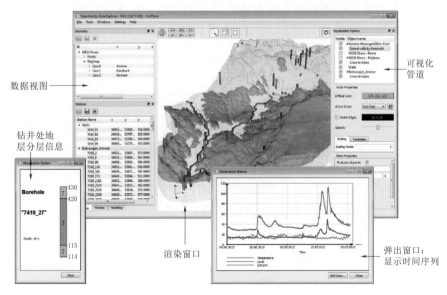

数据视图

钻井处地
层分层信息

可视化
管道

渲染窗口

弹出窗口：
显示时间序列

图 3-9 Data Explorer（OGS 的图形化界面）的用户界面组成元素

渲染窗口是 Data Explorer 的一部分，其中所有数据都在用户控制的三维场景中进行可视化。渲染窗口是显示实际数据的地方，并且可以看到程序其他部分或输入数据的可视化效果。可以使用鼠标操作三维视图。按住鼠标左键并移动鼠标，将围绕场景的焦点旋转。默认情况下，场景的焦点是加载到程序中的所有数据的中心点。按住鼠标中键可以平移视图，从而实现向左、向右和向上、向下平移。通过按住鼠标右键或移动鼠标滚轮，可放大和缩小整个场景。

可视化管道与前述的数据视图非常相似。但是，此选项卡中显示的项目是渲染窗口中显示的图形对象的列表。为了便于区分，我们把这些图形对象称为管道项目。每个管道项目在其名称旁边都有一个复选框来确定对象当前是否显示在渲染窗口中。选中或取消选中此框将决定该项目是否显示在三维视图中。如果取消选中，则不会丢失任何数据。再次选中该框时，为该项目设置的所有参数仍保持不变。

六、OGS 求解地表水-地下水耦合问题的方法

在这一小节中，我们首先介绍了 OGS 表征地表水-地下水耦合问题的理论背景，然后我们使用一个基准测试算例来验证 OGS 在模拟地表水-地下水耦合流动过程中的精度。

（一）地表水流动问题

地表水流（surface flow 或 overland flow）是指当来自降雨、融雪或其他

来源的降水超过了土壤层的入渗容量时产生的流动。通常，地表水流会导致径流汇流到离散的河道中。根据不同的产流机制，地表水流包括了超渗地表径流、饱和地表径流和回归流等。

在 OGS 中，地表水流方程由圣维南方程的扩散和运动波近似形式来表示。在二维问题中，扩散波方程可以表示为

$$\phi_a \frac{\partial H_a}{\partial t} + \nabla(Hq) = q_s \qquad (3-15)$$

式中：ϕ_a 为表面孔隙率（在平坦的平面上的流动是恒定值，在不平坦表面上的流动是变化的，$0 \leqslant \phi_a \leqslant 1$）；$H_a$ 为地表积水深度；H 为可动的水深；q_s 为源汇项。

表面粗糙度用固定的水深 a 进行参数化，使得地表水深由 $H_a = H + a$ 给出。

水深与流量的关系可以通过引入水力半径 R 来表示。其表达式为

$$q = -\frac{CR}{S_s^{1-j}} \nabla h \qquad (3-16)$$

式中：$h = H_a + b$，为地表水头；b 为河床底部的高程。

一般在二维地表流中，流阻关系只考虑底部的摩擦。因此，水力半径 $R = H$。S_s 可以表示为

$$S_s = \left[\left(\frac{\partial h}{\partial x} \right) + \left(\frac{\partial h}{\partial y} \right) \right]^{1/2} \qquad (3-17)$$

式中：C、j、l 均为表面底部摩擦参数，由 Darcy - Weisbach 关系来估算。例如 $j = 1/2$、$l = 2/3$ 和 $C = 1/n$ 等价于曼宁关系，其中 n 为曼宁系数。

盆地内的水只能从流域的出口处流出所在流域。在 OGS 中，可以在流域的出口处设置两种不同类型的边界条件：正常深度边界条件和临界深度边界条件。

正常深度边界条件表示为

$$q_{out} = \frac{\sqrt{S_{s,outlet}}}{n_{outlet}} H_{outlet}^{5/3} \qquad (3-18)$$

临界深度边界条件表示为

$$q_{out} = \sqrt{g H_{outlet}^3} \qquad (3-19)$$

式中：g 为重力加速度。

（二）变饱和地下水流动问题

OGS 采用著名的 Richards 方程来描述非饱和带中的地下水流动，具体形式为

$$S_s S_w \frac{\partial h_p}{\partial t} + \phi \frac{S_w(h_p)}{\partial t} = \nabla \cdot q + q_s \qquad (3-20)$$

$$q = -k(x)k_r(h_p)\nabla(h_p + z) \tag{3-21}$$

式中：q 为水通量；h_p 为地下水的压力水头；z 为垂向的坐标；$k(x)$ 为饱和导水率；k_r 为相对渗透率（作为 h_p 的函数）；S_s 为单位储水量；ϕ 为有效孔隙度；S_w 为饱和度；q_s 为源汇项。在这里，地面作为基准面（$z=0$），z 轴以向上为正。

OGS 采用经典的 van Genuchten 模型用于描述相对饱和度与渗透率之间的关系，可表示为

$$S_w(h_p) = \frac{S_{sat} - S_{res}}{[1 + (\alpha h_p)^n]^{(1-1/n)}} + S_{res} \tag{3-22}$$

$$k_r(h_p) = \frac{\left\{1 - \dfrac{(\alpha h_p)^{n-1}}{[1 + (\alpha h_p)^n]^{(1-1/n)}}\right\}^2}{[1 + (\alpha h_p)^n]^{\frac{(1-1/n)}{2}}} \tag{3-23}$$

式中：α 和 n 为土壤中的固有参数；S_{sat} 为相对饱和含水率；S_{res} 为相对残余饱和度。

对于饱和含水层中的地下水流，OGS 采用连续性方程和达西定律进行描述，方程为

$$S\frac{\partial h_p}{\partial t} = -\nabla \cdot q + q_s \tag{3-24}$$

$$q = -k_s\nabla(h_p + z) \tag{3-25}$$

（三）地表水-地下水耦合流动问题

国外和国内已有许多地表水-地下水耦合模型。地表水-地下水耦合模型可以根据求解算法或耦合策略而分为不同的类别。具体来讲，为了求解地表水-地下水耦合系统的偏微分方程组，可以使用以下几种方法：①异步链接（asynchronous linking）法；②顺序迭代法；③全局隐式法。在耦合策略方面，有几种不同的策略或方案可实现同时模拟地表水和地下水流的目的：通过一阶交换量耦合（Panday et al.，2004；Therrien et al.，2010；Delfs et al.，2012）、压力连续性耦合（Kollet et al.，2006）和边界条件切换（Camporese et al.，2010）。目前，国际上影响力较大的几种地表水-地下水耦合模型都是基于以上的几种求解算法和耦合策略，具体见表 3-17。

表 3-17 几种典型的地表水-地下水耦合模型的算法和耦合策略

模型名称	求解算法	耦合策略	模型名称	求解算法	耦合策略
OGS	顺序迭代法	一阶交换量	PIHM	全局隐式法	一阶交换量
CATHY	顺序迭代法	边界条件切换	ParFlow	全局隐式法	压力连续性
HGS	全局隐式法	一阶交换量	PAWS	异步链接法	一阶交换量

OGS 应用一阶交换量法来完全耦合地表水流和地下水流。一阶交换量法已被广泛用于模拟不同耦合连续体的地下水流动。许多过去的研究已经将一阶交换量法应用在了土壤或岩石基质，并证明了孔隙或裂隙连续体之间的一阶交换量法的有效性。此外，这种方法也已成功用于模拟河流潜流带的流动。这种方法假设地表水流区域和地下水流区域之间存在一个清晰的界面，而这个界面的存在引入了一个描述界面导水性的新参数 λ。

地表水流和变饱和地下水流之间的交换通量可以表示为

$$q_{sw}^{gw} = k_{a'}\lambda(h^{sw} - h^{gw}) \tag{3-26}$$

$$\lambda = \frac{K_c}{a'} \tag{3-27}$$

$$q_{gw}^{sw} = -q_{sw}^{gw} \tag{3-28}$$

式（3-26）~式（3-28）中：h^{sw} 为地表水头；h^{gw} 为地下水头；λ 为从地表水体到地下水体的渗漏系数；K_c 为耦合界面的导水系数；a' 为耦合界面的厚度；$k_{a'}$ 为比例系数，$0 \leqslant k_{a'} \leqslant 1$。可以通过下式来表示

$$k_{a'} = S^{2(1-S)} \tag{3-29}$$

$$S = \min\left(\max\left(\frac{H}{a'}\right), 1\right) \tag{3-30}$$

具体而言，在河流-含水层的耦合界面处，河流与地下水之间的交换通量可表示为

$$q_{sw}^{gw} = \frac{P}{B}\lambda(h^{sw} - h^{gw}) \tag{3-31}$$

式中：P 为耦合界面的湿周长；B 为具有矩形横截面的河流流道宽度。

在复杂流域的应用中，由于现场数据的不足，通常假设地表水-地下水交换界面上的水力特性是空间均质的，以达到简化问题的目的。

（四）基准测试算例

长期以来，人们对陆面的地表水流与地下水流之间的交换通量进行了实验方面的研究。Smith 和 Woolhiser（1971）首次通过使用数值模型和实验的比较研究，证明了数值模型可以用来复现流域的水文过程。1984 年，Abdul 和 Gilham（1984）建立了一个实验室模型来研究地表水-地下水的相互作用，总体上着眼于研究非饱和区毛细作用在径流产生中的作用。他们的实验室实验在长度为 1.4m、宽度为 0.08m、高度为 1.2m 的有机玻璃箱内进行（见图 3-10）。盒子里装满了中度砂，上表面均匀倾斜 12°。在上表面的最初 20min 进行人工降水。初始水位设置为与出口高度相同。具体而言，首先将沙子用水浸透，直到将水充满整个玻璃箱，然后将地下水位降低到出水口的高度。

我们采用 OGS 来模拟径流生成的过程。初始水位上方的水槽部分由

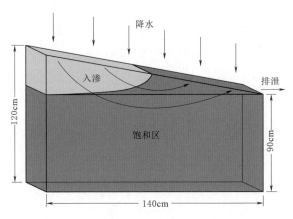

图 3 - 10　Abdul 和 Gilham 的实验示意图

Richards 方程模拟，而初始水位以下的土壤由达西定律模拟。上表面的地表水流由圣维南方程方程的扩散和运动波近似来模拟。

　　我们使用垂向二维模型来模拟地表水 - 地下水流动过程。模型域离散为 1096 个非结构化三角形单元。在砂土的上表面施加 4.3cm/h 的恒定降水速率。在模型的底部、左侧和右侧边界设置了隔水边界。根据 Abdul 和 Gilham 的实验，饱和渗透系数设置为 5×10^{-5} m/s。采用 van Genuchten 模型用于描述饱和度和压力之间的关系。Abdul 和 Gilham 算例所用参数见表 3 - 18。

表 3 - 18　　　　　　　　　　　　　　Abdul 和 Gilham 算例所用参数

参　　数	取　　值	单　　位
表面摩阻（C）	5.39	$m^{1/3}/s$
孔隙度（a）	0.34	——
残余饱和度（S_r）	0.0	——
水力传导系数（K）	5×10^{-5}	m/s
孔隙大小（α）	2.4	1/m
粒径分布（m）	0.8	——
储水系数（S）	0.0	——
耦合界面导水率（K_C）	5×10^{-5}	m/s
耦合界面厚度（a'）	0.5	mm
渗漏系数（λ）	5×10^{-4}	1/s

　　图 3 - 11 显示了来自 Abdul 和 Gilham 的实验结果以及使用表 3 - 18 中的参数得出的模拟结果。从图 3 - 11 中可以看出，OGS 模型比较好地模拟出了地表径流的产生过程，模拟结果与实验基本保持一致。由于实验的年代非常

早，参数取值具有一定的不确定性，导致模拟结果与实验结果有一定差异。尤其是径流产生初期的模拟结果与实验存在一定的差异，而这主要是由于 van Genuchten 模型可能与实际状况不符所导致的。

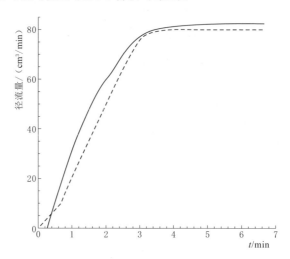

图 3 - 11　OGS 模拟结果（虚线）与 Abdul 和 Gilham 实验结果（实线）的对比

通过以上的模拟，我们发现 OGS 可以较好地复现径流的产流过程，并很好地表征了地表水-地下水耦合系统的水动力过程。除了本书介绍的基准测试算例，OGS 还有许多其他的基准测试算例。感兴趣的读者可以参考 Kolditz 等（2012）的著作。

第四章　mHM‑OGS 耦合模型的开发和验证

第一节　简　　介

　　最初，流域尺度的水文模型主要是为了预测河流径流量而开发的。为此，这些模型通常使用高度概念化的"虚拟蓄水层"（conceptual storage）来表征流域内产流‑汇流的过程。其中，一个典型的模型类型是桶式模型（bucket‑type model）。桶式模型通过几个虚拟的、类似水桶的蓄水层表示降水在集水区的入渗‑蓄存‑排泄过程，通过入渗‑径流分割算法来计算水分在不同的垂直蓄水层和水平蓄水层之间传输。该入渗‑径流分割算法通常表示为蓄水量的函数。此类模型中的模型参数通常是通过校准获得的，也即校准后的参数可以匹配所观测的径流时间序列。因此，此类概念化的水文模型通常可以较好地预测河川径流的流量。但是，所有的桶式水文模型都忽略了侧向流动，从而简化了流动过程（尤其是在大型流域更为明显）。因此，这样的模型不可避免地无法表征地下水中广泛存在的侧向地下水流动过程。此外，由于河流径流量对地下水储量的敏感性较低，因此对地下水储量的估算特别容易出错。

　　由此可见，概念化的桶式水文模型中的地下水表征是不完善的。具体表现在以下几点：①这些模型聚合了地下水含水层的分层特性和每层中的非均质性，因而无法准确表征地下水头和枯水流量（Ameli et al.，2016）。②这些模型通常无法正确地模拟溶质运移在流域尺度上的动力学过程。例如，van Meter 等（2017）发现，河流中的氮通量可能受到地下水中遗留氮库的支配而具有滞后性。过度简化的概念化地下水蓄水层无法表征流域尺度上的输移时长分布，因此无法描述这种遗留氮库对河流氮通量的影响。③水文学家需要更准确的地下水流动过程的表征来预测地下水对气候变化的响应。

　　与此同时，水文地质学家为模拟大尺度的地下水流动过程，开发了考虑了地下非均质性和瞬态地下水流动过程的地下水模型。这些地下水模型是基于物理过程的，因而可以解决在概念模型无法解决的一些问题。基于物理过程的地下水模型通常通过求解偏微分方程组来模拟水文过程，但是对陆面过程和浅层土壤过程的刻画可能比较差。例如，基于物理过程的模型通常采用降水和蒸散发的长期平均值作为边界条件，而往往不考虑通过非饱和区排泄到地表水体的壤中流（Selle et al.，2013）。地下水数值模型可能包含一些程序包或接口，以模拟地表水和非饱和带的水文过程（Harbaugh，2005）。这些软件包需要额外的数据，并且需要精确表征复杂的地形和地质特性。由于强烈的时空非均质性和数据的缺乏，地下水模型中的水文地质参数的率定是一个很大的挑战。

基于物理过程的地下水模型包括了 MODFLOW、FEFLOW、InHM、ParFlow、OpenGeoSys、tRIBS、CATHY、HydroGeoSphere、MODHMS、GEOtop、IRENE、CAST3M、PIHM 和 PAWS 等。基于物理过程的水文模型通常可以直接模拟饱和-非饱和地下水流动过程，并基于模型的主要变量（例如水头）的空间梯度直接计算流场。基于物理过程的模型可以通过精确描述含水层系统（例如通过地质分层或地统计学方法）灵活应对地下的非均质性，因此能够减少由地质非均质性引起的聚合误差（aggregation error）。此外，这些模型可以计算三维的流动路径，并直接计算溶质的输移时长。由此可见，基于物理过程的模型具有一些明显优于概念式的桶式模型的属性，而这在复杂的实际应用中表现得尤为明显。

尽管在饱和-非饱和地下水流动过程建模方面具有优势，但是基于物理过程的水文模型在模拟近地表（即浅层土壤层）水文过程方面可能存在一些问题。例如，基于物理过程的模型经常在模拟非饱和带壤中流的过程中遇到问题，这主要取决于亚网格尺度的地形变化、土壤类型和土地覆盖特征等。理论上，可以使用基于物理过程的复杂地表水文模型来模拟近地表水文过程，但这种模拟需要在精细的空间分辨率下进行，以正确表征亚网格非均质性（如根系吸水的非均质性），同时此类模型具有大量不确定的模型参数。此外，此类模型极大地增加了数值模拟的复杂性和计算时间，因此校准此类模型是一项繁琐的任务。

总的来说，概念化的水文模型（例如 SWAT、mHM、VIC 和 HBV）可以很好地预测河川径流量，但是往往采用过度简化的概念化蓄水层表达地下水流动和输运过程，其模型结果准确性和可解释性较低。基于物理过程的水文模型（如 ParFlow、CATHY 和 HGS）具有更高的精度、更强的物理基础，但在模拟河川径流方面可能不如概念化的水文模型。造成这种结果的原因是陆地水循环的不同构成组分之间的差异性。陆面过程建模的主要挑战之一是水文过程的不确定性，而水文过程的不确定性是由陆面水文过程的时空变异性和陆地表面的精细尺度所引起的。因此，它很难完全被基于物理过程的模型所复现，但是可以通过参数化过程被概念化的水文模型所捕捉到。而在深部含水层中，地下水流动过程的时间尺度明显大于陆面水文过程，且流动过程受达西定律控制，因此物理过程相对比较简单，可以用基于物理过程的模型所模拟。同时，由于水文地质数据的稀缺，与陆面水文过程相比，地下水含水层的参数不确定

性是制约模型精度的最大挑战。因此，将两种不同类型的模型耦合，是表征近地表水文过程和地下水文过程的一个优先选择。近年来，国内外学者已经开发了若干地表水-地下水耦合模型，包括了 ParFlow - CLM、GSFLOW 和 PCR - GLOBWB - MOD 等（见第二章第三节内容）。

在本章中，我们提出了基于高度概念化的分布式中尺度水文模型 mHM 和基于物理过程的地下水模型 OGS 的地表水-地下水耦合模型。本章的总体目标是建立耦合模型以精确模拟地下径流量和地下水位，同时该模型应具有较高的计算效率。mHM 已经被证明了其在模拟陆面过程方面的能力。相反，OGS 证明了其处理含水层中参数不确定性的能力。本章提出的耦合模型的总体思路是使用 mHM 进行近地表水文过程模拟和水量收支计算，然后从 mHM 中提取流入和流出地下水含水层的通量，并将其作为边界条件驱动地下水模型 OGS。通过这样的方法，增强了 mHM 在模拟地下水流动过程中的能力。本章所采用的顺序耦合方法具有许多优点：①顺序耦合可以看作是一种保守的方法，因此作为 mHM 最重要特征之一的参数化算法仍然是完整的；②使用这种单向耦合将允许 mHM 的用户简单地扩展当前建立的基于 mHM 的集水区模型，如使用更复杂的全耦合将使用户不得不几乎完全重建他们的模型；③顺序耦合方法比全耦合方法的计算工作量更小，同时可以获得更好的数值稳定性。

通过耦合两个不同类型的水文模型，我们将重点关注并回答以下科学问题：①能否通过建立地表水-地下水耦合模型，扩展地表水文模型（例如 mHM）在流域尺度的预测能力，使其可以捕获地下水头及其动态变化，同时保留其在预测径流量方面的高精度？②由 mHM 计算出的地下水补给率和补给模式是否可以改善地下水模型（如 OGS）的地下水头的预测能力？为了回答这些问题，我们将地表水-地下水耦合模型 mHM - OGS 应用到了德国中部一个自然流域（850km^2），并采用流域的径流量和来自多个观测井的地下水头的观测数据评估了模型的预测能力。本书提出的地表水-地下水耦合模型 mHM - OGS 是我们为开发大尺度耦合建模系统所做的首次尝试，目的是分析并改善水文模型在区域尺度地下水流动方面的预测能力。

本章的结构如下：第一节概述了 mHM - OGS 耦合模型的相关背景知识。第二节详细描述了 mHM - OGS 耦合模型的概念、模型结构和耦合方案。第三节描述了用于验证 mHM - OGS 耦合模型的研究区域和模型设置。第四节展示了 mHM - OGS 耦合模型在德国中部一个集水区中的模拟结果。第五节讨论了模拟结果以及当前建模方法的优点和局限性，并总结了本章的内容。

第二节 mHM-OGS 耦合界面介绍

一、mHM 的相关过程描述

中尺度分布式水文模型 mHM 是一个使用网格单元作为主要的建模单元。关于 mHM 的具体描述可以参考第三章。

下面，我们列出了 mHM 中描述土壤和地下水中的近地表水文过程的方程式。需要指出的是，mHM 并非水动力模型，而是高度概念化的水文模型。mHM 采用了许多简化表达式来表述蓄水-排泄过程，其完整的方程式系统可以参见 Samaniego 等（2010a）的文章。在这里，我们仅列出了模型耦合所需要的方程式。在第二个垂向蓄水层中（见图 3-1 中的 x_5），壤中流被分为快速壤中流（q_2）和慢速壤中流（q_3），其表达式为

$$q_2(t) = \max\{I(t) + x_5(t-1) - \beta_1(z_2 - z_1), 0\}\beta_2 \tag{4-1}$$

$$q_3(t) = \beta_3[x_5(t-1)]^{\beta_4} \tag{4-2}$$

式中：$q_2(t)$ 为 t 时刻的快速壤中流；I 为渗透能力；x_5 为此深层土壤蓄水层中的蓄水量；β_1 为深层土壤蓄水层的最大蓄水量；z_i 为第 i 层蓄水层的深度；β_2 为快速退水常数；q_3 为 t 时刻的慢速壤中流；β_3 为慢速退水常数；β_4 为表征网格的非线性程度的指数。

在 mHM 中，地下水的补给率相当于渗入地下水蓄水层（第三个垂向蓄水层，请参见图 3-1 中的 x_6）的入渗率。地下水的补给率 $C(t)$ 可以表示为

$$C(t) = \beta_5 x_5(t-1) \tag{4-3}$$

式中：β_5 为有效入渗系数。

二、OGS 的相关过程描述

在本章中，地下水流动过程遵循连续性方程和达西定律，具体形式为

$$S \frac{\partial \psi_p}{\partial t} = -\nabla \cdot \vec{q} + q_s \tag{4-4}$$

$$\vec{q} = -K_s \nabla(\psi_p + z) \tag{4-5}$$

式中：S 为储水率；ψ_p 为多孔介质中的压力水头；t 为时间；$\vec{q}$ 为达西流速；q_s 为源汇项；K_s 为饱和导水系数；z 为垂向的坐标（向上为正）。

在 OGS 中，通常在 Geometry 文件（文件名后缀为 .gli）中建立多段线来表征河流。对于三维模型，设置多段线的常用方法是利用嵌入在 OGS 源代码中的映射工具（mapping tool），通过该工具可以轻松地将从 GIS 软件获得的表示河流的形状文件（shape file）映射到 OGS 网格上表面并转换为一组多段

线。根据用户的需求，河流网络的每个河段可以用一条多段线或几条连续的多段线表示。每条多段线都由一组连续的网格节点连接而成，可以赋予第一类（Dirichlet）、第二类（Neumann）或第三类（Robin）边界条件。

三、耦合机制

如前所述，mHM 对于地下水流动过程作了简化处理，使用线性水库（linear reservoir）模型来概化地下水流动的过程。线性水库模型是一个基于退水曲线而得出的经验模型，它假设地下径流量与地下水蓄水量之间具有线性关系。这种简化处理具有很大的局限性，主要在于：①如果在分布式水文模型的每个网格应用该假设，则在模拟区域的不同网格间不存在侧向的地下水流，这显然不符合现实；②无法模拟地下水位的动态变化；③这种处理只能模拟地下径流汇流到河川径流的过程，然而现实中地表水与地下水的作用是双向的。在一些干旱半干旱地区，地表水会作为补给源补给地下水。基于此缺陷，我们开发了地表水-地下水耦合模型 mHM-OGS。

mHM-OGS 耦合模型旨在通过同时计算地表水和地下水中的流量来模拟集水区的地表水-地下水耦合过程。mHM-OGS 可以模拟三个水文区域内的流量。第一个区域指土壤，具体包括了植物冠层的上边界到土壤层底部的下边界的范围；第二个区域包括明渠水，例如河流；第三个区域是地下水含水层。mHM 用于模拟第一个和第二个区域的过程，而 OGS 用于模拟第三个区域所有边界处规定通量的地下水流动。

mHM-OGS 耦合模型旨在将 OGS 的地下水头的预测能力与 mHM 的河川径流预测能力相结合，从而实现地表水-地下水一体化模拟。作为一个水文模型，mHM 可以有效地估算流域内的水平衡状况。相比之下，OGS 作为一个有限元模拟软件，通过 mHM 模拟的入渗和基流作为驱动力来计算地下水头。目前，mHM-OGS 具有两个模型接口，即 GIS2FEM 和 RIV2FEM。通过这两个模型接口，可以将入渗量和基流量从 mHM 传递到 OGS 中，并作为第二类边界条件驱动地下水模型。

需要注意的是，mHM 和 OGS 通常具有不同的时间步长和空间分辨率。例如，mHM 的时间步长往往是逐日，而 OGS 往往是逐周或逐月。mHM 采用矩形结构化的网格，而 OGS 采用具有精细分辨率的非结构化网格。因此，需要通过模型接口进行数据插值。为了详细说明 mHM-OGS 的耦合机制，下面逐项列出了模型耦合的工作流程。

（1）首先，独立地运行 mHM，以计算地表的水通量，包括了与地下水流动过程的交换通量。

使用网格化的气象变量（降水、温度和 PET）来驱动水文模型 mHM，计算求得以网格为单位的入渗率（例如地下水补给）和径流分量（例如壤中流和基流），并保存为 mHM 输出文件。其中，采用 mHM 自带的线性地下水库模型（见图 4-1 中的 x_6 蓄水层）来估计基流。图 4-1 中，（a）显示了 mHM 垂直层状蓄水层的原始结构；（b）显示了 mHM-OGS 耦合模型的结构；（c）显示了地下水补给耦合界面 GIS2FEM 示意图；（d）显示了河流-地下水耦合界面 RIV2FEM 的示意图。为简单起见，该图仅显示与本章相关的 mHM 蓄水层，而忽略了其他 mHM 蓄水层（即 $x_1 \sim x_4$）。在图 4-1（c）中，基于网格的 mHM 水通量（例如补给量）线性插值到 OGS 网格的上表面，并进一步转换为体积通量并直接分配给 OGS 网格的上表面网格节点。以网格为单位的地下水补给和总基流量被写入栅格文件，供下一步 OGS 调用。

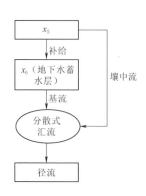

（a）mHM垂直层状蓄水层的原始结构

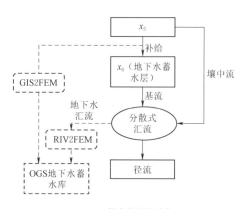

（b）mHM-OGS耦合模型的结构

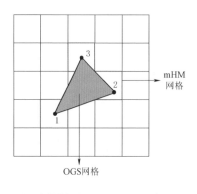

（c）地下水补给耦合界面GIS2FEM示意图

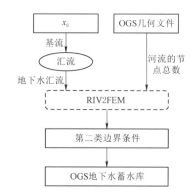

（d）河流-地下水耦合界面RIV2FEM示意图

图 4-1　mHM-OGS 耦合模型示意图

　　（2）mHM 运行完成后，由 mHM 计算的每个时间步的基流量转换为河流分布的河川径流量以及 OGS 所需的河流与地下水之间的交换率。

大多数基于 PDE 的模型采用一阶流量交换法或边界条件切换法来表征河流-地下水之间的相互作用 (Paniconi et al., 2015)。然而，这些方法不可避免地引入了额外的参数来描述河道的几何、地形和水力特性（如河床传导率、河床和排水沟高程、河道宽度）。遗憾的是，由于数据的缺乏和这些参数的子网格尺度的变异性，在流域尺度，这些参数往往是未知的。由于这些因素的限制，本章采用了基于 mHM 估计的基流来计算河流-地下水之间的交换。

mHM 和 OGS 以不同的方式来表征河流：mHM 中的河流是基于数字高程模型（DEM）和洪水演算而隐式定义的，而 OGS 使用显式的河流水系几何形状而定义的。在 OGS 中，河流网络的每个河段由 OGS 几何文件中的多段线定义。为了协调这两种不同的方法，我们开发了一个模型接口 RIV2FEM。通过 RIV2FEM，将 mHM 计算的基流转换为施加 OGS 河流处的第二类边界条件（见图 4-1）。具体来讲，RIV2FEM 将 mHM 通过洪水演算求得的基流均匀分布在通过 OGS 中预定义的河流网络（见图 4-1），表达式为

$$\bar{q}_4(t) = \frac{Q_4(t)}{\sum_{i=1}^{N} A_i} \tag{4-6}$$

式中：$\bar{q}_4(t)$ 为 t 时刻的归一化的基流；$Q_4(t)$ 为 t 时刻流域出口处的总基流；A_i 为河流处第 i 个节点的节点面积；N 为河流处节点的总数。

然后将均匀分解的基流分配给 OGS 中的每个河流节点并作为第二类边界条件。这个方法显著减少了参数的数量，避免了河流处参数的未知属性带来的不确定性，因此比较适用于数据稀缺的研究区域。此外，由于入渗量和基流量直接取于 mHM 的计算结果，因此该方法自然满足质量守恒准则。

（3）将 mHM 计算得出的分布式入渗量输入模型耦合接口 GIS2FEM，然后传递给 OGS 模型，作为地下水模型上表面的边界条件。模型耦合接口 GIS2FEM 用于将基于 mHM 网格的入渗率传递并插值到 OGS 上表面的节点。

详细的工作流程是：①GIS2FEM 读取 mHM 生成的栅格文件和 OGS 生成的有限元网格文件。②对于三维网格，GIS2FEM 提取 OGS 网格的上表面。针对该上表面上的每个节点，GIS2FEM 逐个搜索该节点所在的 mHM 网格单元，并将该网格单元的入渗率分配给相应的节点（记为 C^m）。在所有上表面单元处理完毕后，GIS2FEM 进行面积分计算，将 mHM 计算的入渗率 C^m 转化为体积入渗率 C_{in}，并分配给相应的 OGS 网格节点（见图 4-1）。具体来说，特定单元的入渗率 C 的计算方法如下：

$$C(x) = \sum_{i=1}^{N} W_i(x) C_i^m \tag{4-7}$$

式中：x 为 OGS 网格上表面的空间坐标；N 为单元内的节点总数；W_i 为

OGS 上表面单元的第 i 个节点的权重函数；C_i^m 为第 i 个节点处的入渗率（由 mHM 计算）。

然后，通过面积分计算得出第 i 个节点的体积入渗率 C_i^{in}（这里 i 为节点的全局编号），公式为

$$C_i^{in} = -\int_{\partial\Omega} W_i(x)C(x)\mathrm{d}(x) \tag{4-8}$$

式中：C_i^{in} 为第 i 个节点的体积入渗率；$\partial\Omega$ 为有限元上表面的边界；W_i 为第 i 个节点的权重函数。

最后，将 mHM 生成的入渗率和基流传递到 OGS 网格上表面并作为边界条件后，运行地下水模型来模拟地下水的流动和运移过程。

在这一步中，可以根据专业知识在 OGS 网格中设置额外的边界条件。需要注意的是，为了避免数值解的非唯一性，我们不推荐完全使用第二类边界条件定义河流和外边界处的边界条件。相反地，至少应在周边或内部河流节点处设置一个定水头边界以约束模型的数值解。除了模拟地下水流动过程外，OGS 地下水模型也可用于计算地下水的输移时长和溶质运移过程，而这往往需要额外的边界条件，所以没有被涵盖在本章的案例分析中。

四、代码下载与安装

mHM-OGS 耦合界面的代码已经被上传到了网络数据库 Zenodo（https：//zenodo. org）中。用户可以通过以下数字对象唯一标识符（DOI）来下载 mHM-OGS 的源代码：10.5281/zenodo. 1248005。需要注意的是，此数据库中的文件是 mHM-OGS 的源代码，用户需要编译此源代码才能获得 OGS 的可执行文件。关于具体的编译步骤，请参考 OGS 网站（https：//www. opengeosys. org/releases/♯ogs-5）上面的说明，或参阅源代码中的 README 文件。

第三节　模型验证与案例研究

我们采用了位于德国中部的 Naegelstedt 流域（流域面积约 $850km^2$）来测试 mHM-OGS 耦合模型（见图 4-2）。Naegelstedt 流域是萨尔河的一个支流流域。选择该研究区域的原因是因为该区域具有许多的地下水监测井数据。该流域的海拔为 $164\sim516m$，其中西部和南部较高的山区属于 Hainich 山脉（见图 4-2）。图 4-2 的左图显示了本章中使用的监测井的高程和位置，右图显示了在 Naegelstedt 集水区在温斯特鲁特盆地的位置。Naegelstedt 流域是德国农业活动最密集的农业区之一。在淡水供应方面，大约 70% 的用水需求由地下

水满足。在土地利用方面，该地区大约 17％的土地为森林，78％的土地为农作物和草地，4％的土地是城市区域。该地区年平均年降水量约为 660mm。

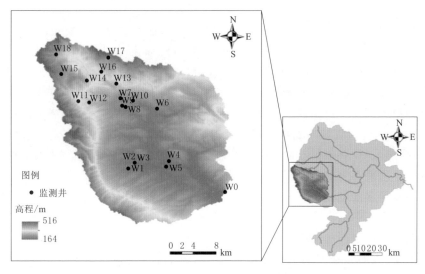

图 4-2 Naegelstedt 流域用作本章的测试集水区

在本章中，mHM 的运行周期为 35 年（从 1970 年 1 月 1 日至 2004 年 12 月 30 日），其中 1970 年至 1974 年期间用于启动模型。OGS 运行时间为 1975 年 1 月 1 日至 2005 年 12 月 30 日。mHM 以日为时间步长运行，而 OGS 以月为时间步长运行。mHM 网格单元的分辨率为 500m。OGS 使用结构化的六面体三维网格，在有限元网格中，水平方向的空间分辨率为 250m，垂直方向的空间分辨率为 10m。下面，我们详细介绍了运行这两个模型所需要的输入数据和参数。

一、气象数据和地表数据

首先，我们运行水文模型 mHM 来获取水量收支的状况，并计算近地表的水通量和水平衡。mHM 模型受每日的气象条件的驱动（包括了分布式的降水和大气温度）。研究区域的降水和大气温度的空间模式基于德国气象局（DWD）气象站对降水和大气温度的测量数据。随后，用克里金插值法将气象站的网格式降水和气温数据插值到 4km 的分辨率，然后被降尺度到 mHM 网格单元的分辨率（250m）。此外，PET 是根据 Hargreaves 等（1985）的方法估算求得。mHM 中使用的其他数据集包括了：①数字高程（DEM）数据，它是推导诸如坡度、河床和流向等属性的基础；②土壤和地质图，以及砂土和黏土含量、体积密度等衍生属性；③CORINE 土地覆盖信息（1990 年、2000

年和 2005 年);④流域出口的河川径流长时历史数据。

二、含水层性质

我们建立了三维地层模型用于概化水力特性(如水力传导系数、储水系数等)的分层特性。此地层模型基于从德国图林根州环境与地质办公室(TLUG)获得的测井数据和地球物理数据,并进一步被线性内插为三维地质模型。然后,我们采用 Fischer 等(2015)开发的工作流程将复杂的三维地质模型转换成 OGS 可以直接读取的开源 VTK 格式文件(有限元网格文件)。

Naegelstedt 流域的主要地层单元是 Muschelkalk(中三叠统)和 Keuper(上三叠统)。较新的第三纪和第四纪地层分布较少,因而对于该盆地的地下水流动系统来说不太重要。Keuper 地层主要位于 Naegelstedt 流域的中心,是可渗透的浅层含水层。在 Naegelstedt 流域,Keuper 地层可以进一步细分为两个地质子单元:中 Keuper(km)和下 Keuper(ku)(见图 4-3)。图 4-3(a)突出显示了冲积层和土壤带的分布,图 4-3(b)显示了两个垂直的地质横截面,图 4-3(c)显示了土壤带和冲积层的地质子单元的详细分层状况。Muschelkalk 是典型的海洋沉积环境地层,又可分为上 Muschelkalk(mo)、中 Muschelkalk(mm,白云岩和侵蚀盐层沉积为主)和下 Muschelkalk(mu,石灰岩为主)三个子单元。根据以前的地质调查资料,Muschelkalk 的子单元根据其位置和深度而具有不同的水力特性。它们进一步分为渗透率较高的子单元(mo1、mm1 和 mu1)和渗透率较低的子单元(mo2、mm2 和 mu2)(见图 4-3)。mo 被广泛认为是岩溶地层。最近的研究(Kohlhepp et al.,2017)表明,在 Hainich 地球关键带中,岩溶作用和岩溶管道主要存在于在 mo 地层的底部。因此,我们使用等效多孔介质方法来近似表征 mo 地层的水力特性。另外,我们将最上层的深度为 10m 的层设为土壤层(见图 4-3)。同时,沿干流和主要支流设置高渗透冲积层来表征花岗岩和河流沉积物(见图 4-3)。

三、模型边界条件

由于流域分水岭是天然的隔水区,地下水被分水岭自然分开且无法穿过流域边界。因此,除西北和东北边界外,在盆地周围和底板都设置了无流边界。根据实际测量结果,在西北和东北边缘假设第一类边界条件(定水头边界)。

在预处理由 mHM 生成的基于网格的径流栅格文件之后,我们可以获得河流水系的几何形状数据。然后,基于网格的径流栅格文件被转换为与 OGS 兼容的河流网络数据。将 mHM 径流栅格文件传输到 OGS 河流网络的方式已在前述章节中详细说明。在本案例研究中,通过设置长期平均径流量的阈值,我们人为地移除了小的季节性支流。只有径流量高于阈值(在本案例研究中为

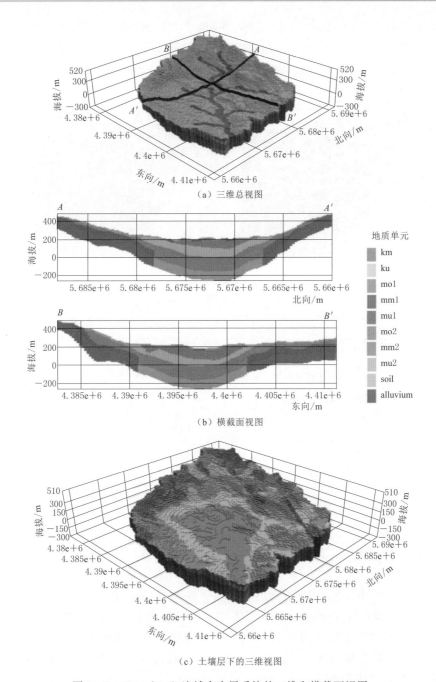

图 4-3 Naegelstedt 流域含水层系统的三维和横截面视图

0.145m³/s）的河流才被描述为有效河流（见图 4-4）。预处理后的河流网络由一条干流和四条支流组成（见图 4-4）。如图 4-4（b）所示，径流速率低于阈值（本案例中为 $0.145\text{m}^3/\text{s}$）的季节性支流已被移除。每个支流被定义为几何文件中的多段线，然后由模型耦合接口 RIV2FEM 均匀地将基流分配给河流网络中的每个 OGS 网格节点。

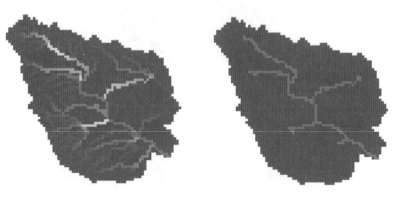

（a）基于mHM的盆地汇流算法的原始河流网络　　　　　（b）预处理后的河流网络

图 4-4　本章中使用的河流网络示意图

四、模型的校准步骤

　　mHM－OGS 耦合模型的校准遵循包含两步。在第一步中，将 mHM 独立于 OGS 进行校准，模型运行时间为 1970—2005 年，校准方法是匹配流域出口处观测到的径流。其中，前 5 年被用作启动期，以建立 mHM 模型的初始条件。模型校准由 Nash－Sutcliffe 效率系数（NSE）量化，公式为

$$NSE = 1 - \frac{\sum_{i=1}^{n} \mid (q_{\text{m}} - q_{\text{s}}) \mid_i^2}{\sum_{i=1}^{n} \mid (q_{\text{m}} - \overline{q}_{\text{m}}) \mid_i^2} \tag{4-9}$$

式中：q_{s} 为模拟的径流量；q_{m} 为实测的径流量；$\overline{q}_{\text{m}}$ 为测量的径流量的长时平均值。

　　在第二步中，校准 OGS 中的稳态地下水模型，以匹配观测到的地下水位的长期平均值。由 mHM 计算的入渗率和基流量的长期平均值作为第二类边界条件，驱动稳态地下水模型。校准是使用 PEST 软件包（Doherty，2010）进行的。模型参数在预先设定的固定区间内进行调整，直到目标函数的值（即模拟和观测的地下水头的加权平方残差之和）最小化（见表 4-1）。具体来说，可调参数的区间取自文献资料，同时将每个观测井的权重统一设置为 1。我们使用均方根误差（RMSE）评估校准结果。

表 4 - 1　　　主要地层的水力传导系数校准可调范围和取值

［地层的详细范围可参见图 4 - 3（b）］

地层	参数取值范围/（m/s）		参数校准估计值/（m/s）
	下限	上限	
km	1.00×10^{-6}	5.00×10^{-4}	1.844×10^{-5}
ku	1.00×10^{-7}	2.00×10^{-4}	2.848×10^{-5}
mo1	6.00×10^{-7}	1.00×10^{-3}	3.570×10^{-4}
mm1	3.00×10^{-6}	9.00×10^{-4}	3.594×10^{-5}
mu1	5.00×10^{-6}	3.00×10^{-4}	6.202×10^{-6}
mo2	6.00×10^{-8}	2.00×10^{-4}	3.570×10^{-5}
mm2	3.00×10^{-7}	2.00×10^{-4}	3.594×10^{-5}
mu2	6.00×10^{-8}	9.00×10^{-5}	6.202×10^{-6}
soil	5.00×10^{-5}	1.00×10^{-3}	6.617×10^{-5}
alluvium	4.00×10^{-5}	1.00×10^{-2}	3.219×10^{-4}

五、模型评估和敏感性分析

我们使用 19 口监测井中所观测的地下水位的时间序列来评估瞬态模型的预测能力。在瞬态模型中，水力传导系数的取值是从校准好的稳态模型中获得的。同时，地下水头的初始条件直接取自稳态模型的模拟结果。在瞬态模型中，我们采用皮尔森相关系数 R_{cor} 和四分位距误差 QRE 作为两个指标函数，来评估瞬态模型的预测能力。其中，QRE 被定义为

$$QRE = \frac{IQ_{7525}^{md} - IQ_{7525}^{dt}}{IQ_{7525}^{dt}} \qquad (4 - 10)$$

式中：IQ_{7525}^{md} 和 IQ_{7525}^{dt} 分别为模拟和观察的地下水头的四分位距。

同时，我们开展了敏感性分析来量化地下水流动过程对不同入渗的空间模式的敏感性。为此，我们建立了一个均匀入渗场景作为参考。为了区分两种入渗场景，我们采用缩写"RR"来代表均匀入渗场景，采用"mR"代表 mHM 计算的分布式入渗场景。敏感性分析的流程分为两步：①分别针对两种入渗场景，进行稳态地下水模型的校准；②通过赋予相同的水力参数值进行瞬态模拟，然后观察地下水头在两种入渗场景下的差异性，并计算指标函数，最终比较两种场景下的地下水头模拟结果。除了入渗率之外，所有模型参数（例如孔隙度和储水系数）和模型输入在两种场景中都相同。我们采用平均绝对误差 MAE 和 QRE 作为两个指标函数，以评估两种入渗场景中的模型表现。

第四节　案例分析结果

一、模型校准结果

作为校准的第一步，采用长时观测的径流序列对 mHM 进行校准。校准结果表明，mHM 可以精准再现集水区的径流时间序列（见图 4-5）。其中，NSE 的值为 0.88。其他地表水通量，例如蒸散量，也与在该区域内的涡度相关气象站测量的蒸散量匹配度较好。这表明校准后的 mHM 模型可以较好地模拟目标流域内的近地表水文过程。

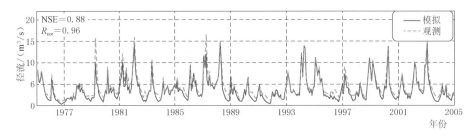

图 4-5　Naegelstedt 流域出口处观察和模拟的每月径流量对比结果

图 4-6 展示了采用 mHM-OGS 建立的稳态模型的校准结果。具体来说，图 4-6 显示了采用校准后的参数值模拟的整个集水区地下水的埋深。其中，子图 4-6（a）显示了观测和模拟的地下水头的关系（包括 RMSE 值）；图 4-6（b）显示了模拟和观测到的水头之间的差值；图 4-6（c）显示了模拟的整个 Naegelstedt 流域的长期平均地下水埋深。可以看到，校准后的模型合理地再现了地下水头的空间分布。西南和北部山区的地下水埋深大于 40m，而中部平原区小于 5m。区域尺度的地下水埋深模拟结果证明了稳态地下水模型的合理性和精确性。

二、补给和基流的时空模式

地下水补给具有空间的变异性和动态性，而且取决于降水的频率和强度、地质结构的非均质性以及地形地貌特征。我们采用 mHM 研究了 1975—2005 年间的地下水补给和基流的时空变异性。

图 4-7 显示了三个代表性月份的补给模式的区别，具体包括了 2005 年 3 月 [见图 4-7（a）]、2005 年 5 月 [见图 4-7（b）] 和 2005 年 1 月 [见图 4-7(c)]。结果表明，补给率最高的位置在 Muschelkalk 地层露头的上游山区，但是随季节不同而剧烈变化。每月地下水补给量的空间最大值从 3 月的

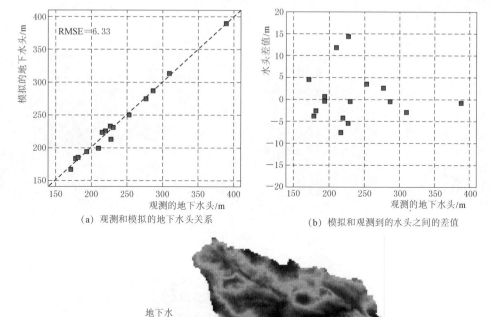

(a) 观测和模拟的地下水头关系

(b) 模拟和观测到的水头之间的差值

(c) 模拟的Naegelstedt流域的长期平均地下水埋深

图 4-6　稳态模型模拟的地下水头及其与实测值的对比

26mm，到 5 月的 51mm，最后到 1 月的 14mm，呈现很强的时间变异性。我们还通过与其他参考数据集的比较，评估了 mHM 模拟的地下水补给的精确性。我们发现在流域尺度上，mHM 模拟的地下水补给与德国水文地图集（Zink 等，2017）的估计值吻合程度良好。

图 4-8 显示了 1975—2005 年 Naegelstedt 流域地下水月平均补给量。图 4-8 中的散点代表了不同年份的月补给量。从图 4-8 中可以看出，德国中部 Naegelstedt 流域的最高平均月补给量出现在 4 月（中位数约为 15mm），此后逐月递减，在 11 月的平均月补给量最低（约为 3mm），显示出很强的季节性。

图 4-9 显示了地下水补给率和基流的时间变异性和相关性。其中，图 4-9（a）是每月地下水基流和补给的直方图；图 4-9（b）是地下水补给和基流的逐月的时间序列。长期来看，全年的地下水流入（补给）和流出（基流）相

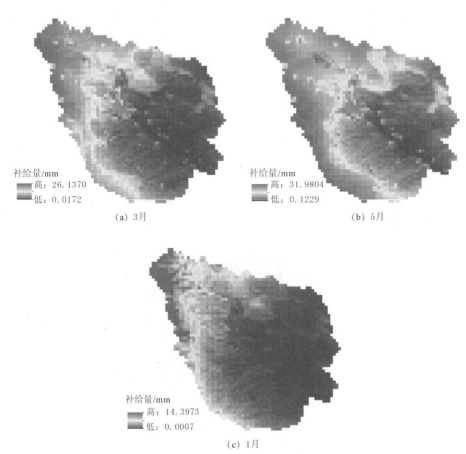

补给量/mm
高：26.1370
低：0.0172

(a) 3月

补给量/mm
高：31.9804
低：0.1229

(b) 5月

补给量/mm
高：14.3973
低：0.0007

(c) 1月

图 4-7　Naegelstedt 流域地下水逐月补给量的空间分布

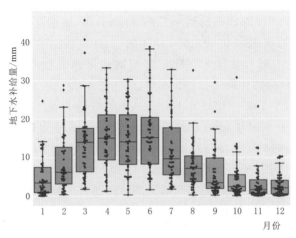

图 4-8　1975—2005 年 Naegelstedt 流域地下水月平均补给量

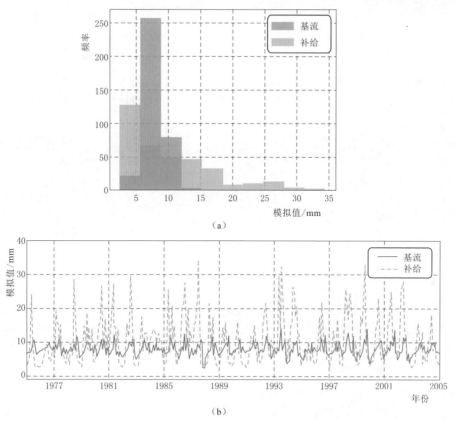

（a）

（b）

图 4 - 9 1975—2005 年 Naegelstedt 流域的地下水流入（补给）和流出（基流）分析

平衡，月平均值均为 8mm。然而，图 4 - 9（a）的直方图表明，每月地下水补给率的分布变异性较强，方差较大，而每月基流的分布更趋于峰值，方差较小。图 4 - 9（b）展示了地下水补给率和基流的时间序列，进一步说明了月地下水补给率的变异性大于基流。这一现象进一步揭示了地下水库所具有的对季节性降水的缓冲作用。

三、基于地下水头动态的模型评估

在本节中，我们使用流域内的若干分布式监测井观测到的地下水头时间序列来评估 mHM - OGS 耦合模型在模拟地下水头方面的表现。具体来说，我们通过模拟值减去长期平均值（$\bar{h}_{mod}$）和观测值减去长时平均值（$\bar{h}_{obs}$）来分析模拟和观测的地下水头之间的匹配程度。四个模型评价指标包括了平均值、中值、Pearson 相关系数 R_{cor} 和 QRE，它们都被用于评估模型的性能。

图 4 - 10 显示了 1975—2005 年观测和模拟的地下水头时间序列。具体来

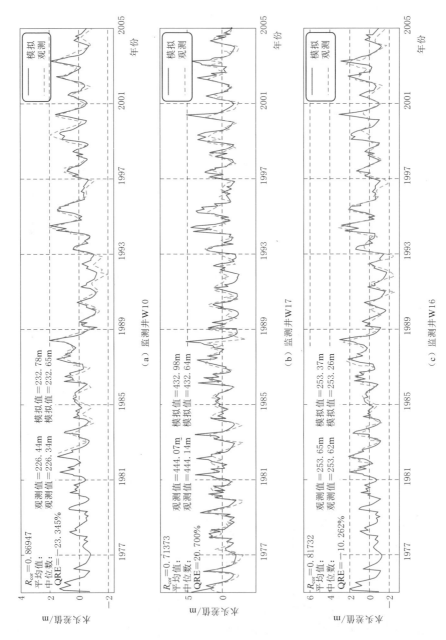

图 4 - 10 (一) 实测的地下水头与模拟的地下水头之间的对比

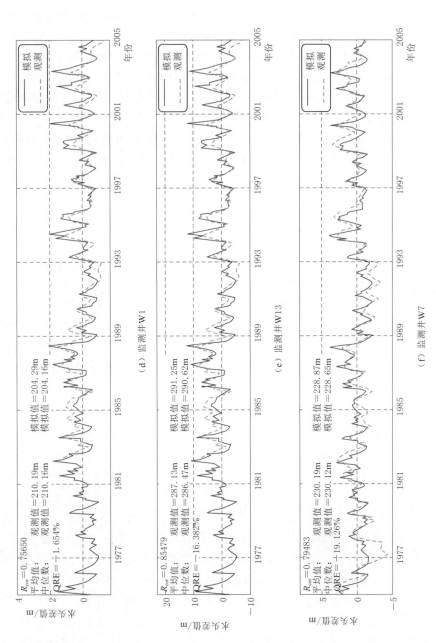

图 4 - 10 （二）　实测的地下水头与模拟的地下水头之间的对比

说，我们选择了不同位置、不同地理特征的 6 口观测井作为范例，来验证 mHM－OGS 耦合模型模拟的精确度。W10 井位于北部高地，靠近主干流，而 W1 井位于西南低地。从图 4－10 可以看出，这两口井的模拟结果和观察结果之间的拟合程度很好（R_{cor} 分别为 0.87 和 0.76，而 QRE 为－23.34% 和－1.65%）。W17 井位于下 Keuper 地层，而 W16 井位于上 Muschelkalk 地层。在这两个监测井中，模拟结果也与观测结果匹配较好（R_{cor} 为 0.71 和 0.82），尽管它们所处地层的水文地质性质不同（见图 4－10）。W13（位于北部山区）和 W7（位于北部高地）监测井的模拟结果也与观测结果吻合良好（见图 4－10）。总的来说，该模型能够较准确地复现地下水头的历史长时间序列。虽然模拟值和观测值的平均值之间可能会有一定程度的偏差，但由于有限元网格空间分辨率的限制和水文地质结构的复杂性，这种程度的偏差在可接受范围内。

四、地下水头对不同补给场景的敏感性

如前所述，我们建立了均匀入渗场景（RR）作为参考场景，以评估地下水补给的空间模式对地下水头的影响。在此参考场景中，与原始 mHM－OGS 模型相比，所有模型参数和模型输入数据都保持相同。

为了显示两种补给场景对模拟结果造成的差异，我们比较了两个补给场景下每个监测井的 MAE 和 | QRE | 的值（见图 4－11）。同时，| QRE | 的平均值和中位数也显示在图 4－11 中。图 4－11（a）表明，使用空间分布式的补给（mR）的 MAE（4.04m）低于使用均匀补给（RR）的 MAE（4.61m）。考虑到两种补给场景之间的唯一区别是它们的空间模式，因此可以得出结论：考虑空间非均质性的补给模式更符合实际情况。

图 4－11（b）显示了使用两种补给场景（mR 和 RR）模拟中 QRE 的绝对值（| QRE |）。模拟结果表明，两种补给场景下 | QRE | 的偏差明显大于 R_{cor}。值得注意的是，有两口井（W8 和 W18）的 | QRE | 值显著高于其他井的 | QRE | 值。考虑到这两口井位于河流附近或集水区外部边界附近，这两口井的异常表现可能是由于它们靠近模型外部边界造成的。这种偏差表明，由于边界的影响、局部地形和地质性质的复杂性，耦合模型可能难以准确量化所有位置的水头动态变化。尽管如此，在所有 19 口监测井中有 16 口的 | QRE | 值较低，而且 mR 场景中 | QRE | 的值普遍在±40% 的范围内。可以看出，在 mR 场景中，| QRE | 的均值和标准差比在 RR 场景中更小。选定的 19 口监测井涵盖了冲积层、Keuper 和 Muschelkalk 的地质单元，范围从北部高山到东南方低地，覆盖了整个流域。这些结果证明了 mHM－OGS 耦合模型在预测地下水头动态变化方面的能力，并表明 mHM 计算的地下水补给模式可以更好地匹配历史观测数据。

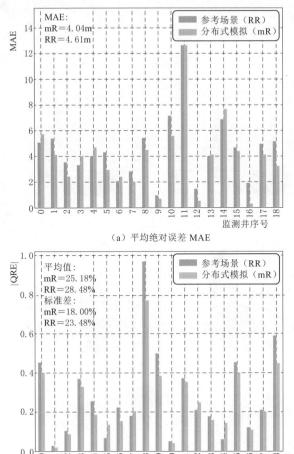

图 4-11 平均绝对误差 MAE 和四分位距误差的绝对值 |QRE|
在两种补给场景的对比结果

　　为了分析地下水头的季节性变化，图 4-12 显示了研究区域春季、夏季、秋季和冬季平均地下水头的空间分布。模拟结果表明，总体上，春季和夏季的地下水位普遍高于秋季和冬季。同时，地下水头具有强烈的空间变异性。例如，北部、东部和东南部山区地下水头的波动幅度大于中部平原地区。为了研究极端气候事件引起的地下水位的变化和地下水干旱情况，我们选择了一个湿润的月份（2002 年 8 月）和一个干旱的月份（2003 年 8 月），并在图 4-12 中显示了地下水头的相应变化。一般来说，湿润年份的地下水头要高于地下水头的长期平均值［见图 4-12（e）］。然而，干旱月份地下水头的变化表现出强烈的空间变异性［见图 4-12（f）］。也就是说，尽管干旱年份的降水很少，但是由于地下水含水层的缓冲效应，干旱月份的地下水头可能比历史长时均值更高。Kumar等（2016）也报道了类似的地下水头变化的强烈的空间变异性。

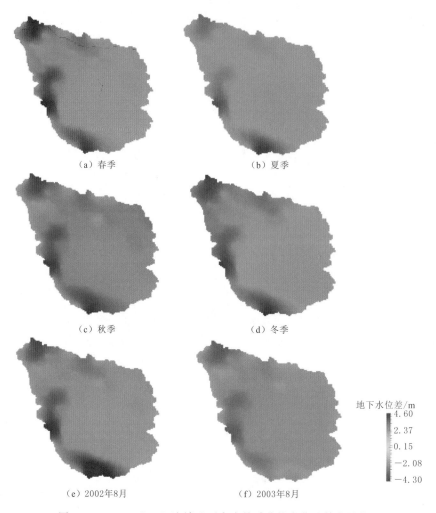

（a）春季　　　　　　　　　　（b）夏季

（c）秋季　　　　　　　　　　（d）冬季

地下水位差/m

4.60
2.37
0.15
−2.08
−4.30

（e）2002年8月　　　　　　　　（f）2003年8月

图4‐12　Naegelstedt流域地下水头的季节性变化及其变异性

第五节　本　章　小　结

本章详细介绍了自主研发的地表水‐地下水耦合模型mHM‐OGS的耦合原理及其在德国中部Naegelstedt流域的模拟验证结果。模拟结果表明，耦合模型mHM‐OGS可以很好地再现研究区域内不同位置的地下水头动态变化。虽然mHM‐OGS耦合模型可以较好地刻画地下水头的变化趋势，但是难以精确再现所有地下水头的变幅。这可能是因为监测井附近的局部地质构造可能会显著改变局部地下水的流动过程，从而进一步影响地下水头波动。而这种小尺度的局部地质构造很难反映在流域尺度的地下水模型中。

本章的模拟结果证明了采用 mHM 计算区域尺度分布式的地下水补给率和基流量方面的精确性。其主要原因是 mHM 中独有的 MPR 方法具有大尺度（$10^3 \sim 10^6 \text{km}^2$）空间参数化的能力。在 10^3km^2（本案例研究的尺度）的空间尺度上，模拟结果表明 mHM 计算的分布式地下水补给优于均匀的地下水补给。鉴于 mHM 已成功地应用于整个欧洲大陆尺度（Samaniego et al.，2018），mHM－OGS 也有望被应用到更大的尺度（例如 10000 ～ 1000000km²），这也是我们下一步的研究方向。

本章的研究结果提出了一种改进传统的分布式水文模型的方法。本章提出的耦合方法可以推广到其他的分布式水文模型，例如 VIC、PCR－GLOBWB 和 WASMOD－M 等。这些分布式水文模型不具备计算水动力学的能力，因此无法刻画地下水含水层中的水头动态变化。然而，地下水的物理过程刻画对大尺度水文模型非常重要，因为地下水流动运移过程与输移时长分布、集水区的溶质排放和河流水质密切相关（Benettin et al.，2015a；Van Meter et al.，2017）。此外，在耦合模型中包含地下水模型 OGS 对于具有大型沉积盆地或三角洲的地区（例如湄公河、多瑙河、长江、亚马逊和恒河的沉积盆地）尤为重要。耦合模型 mHM－OGS 还提供了分析地下水位升降以及预测地下水干旱情况的能力。因此，它也是帮助预测极端气候条件下地下水异常的有力工具。

例如，在 Hesse 等（2017）之前使用 mHM 计算土壤层输移时长分布（TTD）工作的基础上，可以将他们的工作扩展到完整的地球关键带（包含土壤和浅部地下水含水层）。这样对于全面理解粒子（例如面源污染物）的迁移行为和土壤区和地下水"蓄水-释水"过程至关重要。由于地表水文过程不确定性和地下水文数据不确定性，流域尺度的输移时长分布的刻画非常具有挑战性。mHM－OGS 非常适合陆地水循环中氮输移过程的长期模拟。耦合模型还能够评估不同气象强迫条件下地表水和地下水储量的变化，从而可以综合评估水文过程对气候变化（例如全球变暖）的响应。此外，OGS 展示了其在大规模水文循环（本章中未体现）中求解传热-水力-力学-化学（THMC）耦合方程的能力，而这对包括养分循环、盐水入侵、干旱预估和面源污染评估等许多领域具有重要意义。

除了提高了 mHM 模型对地下水流过程的预测能力之外，本章中的耦合模型也对地下水模型 OGS 进行了一些改进。我们的模拟结果表明，与更简单、均匀的地下水补给模式相比，使用 mHM 生成的分布式地下水补给可以在某种程度上提高地下水头预测精度。更重要的是，mHM 提供的补给通量基于 mHM 对水文过程的描述。相比于传统的通过经验公式估算的补给率，它可以更好地描述从土壤入渗到地下水的补给通量。

在本章的研究中，我们致力于通过简单的单向耦合将 mHM 的适用性从地表水文学扩展到地下水文学。这种方法最大的优点在于简洁且计算效率高，同时，完全保留了 mHM 中经过了良好测试的参数化算法。与双向耦合不同，本章中采用的单向耦合算法不会牺牲 mHM 在预测径流方面的能力。尽管如此，在下一步的研究中，我们将致力于开发新版本的 mHM－OGS 模型，来做到完整的双向耦合。单向耦合的主要缺点在于其无法描述由侧向地下水流动引起的浅层地下水对蒸散量的影响。然而，双向耦合方法可以明确地表征地表水动力过程、土壤水动力过程和地下水动力过程之间的动态相互作用。这种方法也提供了多目标校准的可能性（例如通过遥感观测的土壤含水率数据进行校准）。

总之，mHM－OGS 耦合模型保留了 mHM 对高精度径流量的预测能力。此外，mHM－OGS 耦合模型能够较精确地再现历史上的地下水头动态变化。在 Naegelstedt 流域的案例研究中，我们通过模拟与观测的河川径流和地下水头的比较证实了 mHM－OGS 耦合模型的计算精度。根据案例研究中的径流和地下水头的匹配情况，我们得出了以下结论：mHM－OGS 耦合模型是解决水资源管理领域许多具有挑战性的问题（包括污染物运移问题、气候变化对水资源影响和地下水干旱等）的有力工具。

第五章　mHM – OGS 的应用一：
流域尺度地下水输移时长分布计算

第一节　简　介

输移时长分布（TTD）描述了流域尺度陆地水文系统如何在外部气候驱动力下储存和释放水的过程，因而对跨学科的水文和水环境研究都具有重要意义。例如，已有研究中已经观察到了径流与降水之间很强的时间滞后性，以及径流中大量"老水"（即具有数十年或更长的年龄的水）的存在（McDonnell et al.，2010）。此外，地下水含水层中的遗留氮库可能是农业流域的氮排放的主要来源（Van Meter et al.，2017, 2016）。地下水的 TTD 可以看作是描述含水层在污染物扩散条件下脆弱性的概化指标，因而对于非点源农业污染的环境风险评估至关重要（Eberts et al.，2012）。同时，TTD 为农业面源污染的长期影响评估提供了可量化的依据，而这对区域地表水水质的可持续性至关重要。

如何在区域尺度准确量化地下水的 TTD，仍然是一个极具挑战性的课题。一个主要的难点是流域尺度水文系统复杂的几何、地形、气象和水力特性控制着流动和运移过程，因而定义了流域地下水 TTD 的独特形状。另一个难点是地下水系统与地表水文过程错综复杂且紧密耦合。水文系统的特征和地表水–地下水耦合过程决定了流域对外部因素（例如气候变化、人工抽水以及农业和化学污染）的响应也非常复杂。

估算流域尺度地下水 TTD 的技术可分为两类：地球化学方法和数值模拟方法（McCallum et al.，2014）。在地球化学方法中，集总参数模型通常用于解释流域尺度的环境示踪剂浓度观测数据。按照时间尺度的大小，环境示踪剂可以分为代表"新水"浓度分布的示踪剂（例如 ^{3}H、SF^6、^{85}K 和 CFCs）和代表"老水"浓度分布的示踪剂（例如 ^{36}Cl、^{4}He、^{39}Ar 和 ^{14}C）。此外，作为一个前沿的方法，最近提出的蓄水选择函数（SAS）可以用于在山坡或集水区尺度上表征瞬态水文系统中的物质运移过程（Rinaldo et al.，2011；Van der Velde et al.，2015；Harman，2015）。该方法明确区分了输移时长（水分或溶质从进入水文系统到离开的时间）和滞留时间（水分或溶质在水文系统中实际存在的年龄）之间的区别。通过对土壤和地下水中水分混合机制的一些假设，SAS 函数已成功地用来解释环境示踪剂浓度数据（Benettin et al.，2015a）。然而，集总参数模型不能刻画由流域非均质性引起的运移过程的非均质性。当使用集总参数模型来解释示踪剂数据时，强烈的空间非均质性会导致平均输移时长（MTT）具有明显的聚合误差（aggregation error）。

与集总参数模型相比，基于物理过程的数值模型可以明确地描述流域的几何、地形和地质性质，并且可以表征单个水粒子的流动路径。同时，基于物理过程的数值模型结构复杂且计算成本高，并且通常比集总参数模型具有更多的参数。这些模型可以归类为欧拉方法或拉格朗日方法。欧拉方法直接求解由质量守恒导出的偏微分方程（PDE），并且以"年龄质量"为主要变量（Ginn et al.，2009）。拉格朗日方法包括了平滑粒子流体动力学法（SPH）和随机行走粒子追踪法（RWPT）。由于在数值上具有鲁棒性并且对时间步长的限制较少，拉格朗日方法在解决对流主导的问题时具有很大优势。因此，拉格朗日方法在模拟复杂的大尺度地下水运移过程时更具优势，因为它避免了固定网格的欧拉方法中的杂散混合误差（spurious mixing error）（Benson et al.，2017）。因此，拉格朗日方法已被广泛用于模拟大尺度的反应运移和生物地球化学问题（Park et al.，2008；De Rooij et al.，2013）。

地下水流动运移过程建模的可靠性受到许多不确定性来源的影响，包括了观测数据、模型结构和参数的不确定性。具体而言，模型预测的准确性受到外部气象驱动力的不确定性、内部水力特性的不确定性以及它们之间的相互作用的影响（Ajami et al.，2014）。由于空间上观测数据的缺失，地下水补给的估算一直以来是一个难点问题（Healy，2010）。另外，水文地质数据的空间稀缺性往往阻碍了对含水层特性（例如孔隙度和渗透率）的正确表征，从而导致地层的水文地质参数值的不确定性。同时，拟合的参数可能会受到过参数化和等值性引起的拟合误差的影响。这种有偏差的参数会导致模型预测结果的不确定性，因为参数误差也可能会补偿模型结构缺陷引起的偏差（Doherty，2015）。因此，模型预测的不确定性是一个难以精确评估的复杂问题。

水文系统表征的偏差和过于简化的假设将导致对 TTD 的预测出现严重误差。已有的研究往往集中于补给和水文地质构造对地下水 TTD 预测的影响。例如，一些研究致力于在一些基本假设和简化下开发理想集水区（或含水层）的解析模型。其中，Haitjema（1995）在稳态条件和裘布依假设下推导出了理想的地下水含水层的 TTD 解析解，发现在水力传导系数局部均质的前提下，地下水的 MTT 似乎仅取决于补给率、饱和含水层厚度和孔隙度。Basu 等（2012）评估了地下水 TTD 的解析方法、GIS 方法和数值方法，发现三种方法计算的 TTD 仅仅具有轻度的差异。许多最近的研究报告了瞬态 TTD 对外部气象驱动的时间模式的依赖性，但 TTD（以及 SAS 函数）对气象变量空间模式依赖性的研究较少。

尽管对流域尺度地下水 TTD 的研究很多，但旨在利用数值模型和 SAS 函数揭示外部气象驱动和内部水文地质参数作用的综合不确定性分析很少。在这个领域，有两个重要科学问题需要回答：①在地下水模型受到观测到的地下水头的约束条件下，补给的不确定性（包括其空间的非均质性）和水力传导系数如何影响流域尺度的 TTD？②输入（气象）因素和参数的不确定性如何影响地下水系统排泄新水/老水的偏好（也即优先排泄新水还是老水）？

在本章中，我们旨在通过对德国中部 Naegelstedt 流域中的示例应用进行详细的不确定性分析来回答这些问题。为此，我们建立了一个三维分布式地下水模型，该模型与随机行走粒子追踪方法相结合，用于预测地下水 TTD。mHM-OGS 耦合模型用于模拟近地表水流和地下水流，而气象变量由中尺度分布式水文模型 mHM 通过 mHM-OGS 耦合接口提供。数值模型里的地下水流动系统遵循稳态假设。之所以做出这一假设，是因为在区域尺度上，地下水流动过程的时间尺度远大于某次降水事件的时间尺度，这从根本上抑制了地下水补给时间变异性的影响。同时，我们建立了使用包含多个地下水补给场和多个水力传导系数（K_s）场的模拟集合。一个集总参数模型被用作揭示地下水系统混合机制的参考模型，并且与数值模型进行了对比。SAS 函数被用于解释数值模型的模拟结果，总体目标是量化区域地下水系统排泄新水/老水的不确定性。

第二节　研　究　区　域

本章的研究区域与第四章相同，也是位于德国中部的 Naegelstedt 盆地（见图 4-2）。Naegelstedt 盆地是温斯特鲁特河的源头流域，面积约 850km²。该地区的高程为 164～516m。该盆地是德国主要的农业区之一。该盆地约 88% 的土地是为农田，农田所占比例明显高于其所在图林根州的平均水平。农业氮输入随年份和地点的变化而变化，从低地平原区的 5～24kg/hm² 到农业区的 2～30kg/hm²。盆地的年平均降水量约为 660mm。研究区域的沉积物性质和水文地质分层情况已经在第四章中详细介绍了（见图 4-3），在此不再赘述。

我们采用研究区域的 18 口监测井来校准模型（见图 4-3，其中 W0 井由于靠近盆地外部边界而没有被使用）。各监测井所属地层如下：中 Keuper 层（km）有 5 口，下 Keuper（ku）层中有 4 口，上 Muschelkalk（mo）层中有 6 口，中 Muschelkalk（mm）层中有 2 口，冲积层（alluvium）中有 1 口。

我们使用第四章提出的 mHM-OGS 耦合模型来模拟地表-地下水文过程。mHM-OGS 耦合模型成功地将 mHM 的预测能力从地表水文过程扩展到地下水流动和运输过程。具体而言，中尺度分布式水文模型 mHM 用于计算水平衡的各组分分量，而多孔介质模拟器 OGS 用于通过使用 mHM 生成的补给作为驱动力模拟地下水流动和运输过程。

集水区蓄水层在概念上分为土壤区蓄水层和深层地下水含水层，这两个对应的蓄水层分别由 mHM 和 OGS 计算。在之前的工作中，Hesse 等（2017）已经使用 mHM 研究了 Naegelstedt 盆地土壤区的动态 TTD。因此在本章中，我们通过使用 mHM 生成的地下水补给作为驱动变量，通过三维 OGS 地下水模型对饱和区地下水的 TTD 进行显式模拟。

我们使用随机行走粒子追踪（RWPT）法来跟踪粒子运动。RWPT 法是 OGS 源代码的一个子程序包。RWPT 法源自随机物理学，它的基本思想是假设对流过程是确定性的，而扩散过程是随机的。RWPT 法的理论背景在 Kolditz 等（2012）的著作中有详细描述。

第三节　数值模型设置

一、边界条件

在建立三维数值模型后，我们采用 mHM 计算的长时间（1955—2005 年）的地下水补给（入渗）作为边界条件驱动地下水模型。具体方法是将由 mHM 计算的网格式补给通过双线性插值方法分配给 OGS 网格上表面的每个网格节点。另外，除了西北和东北边界施加了定水头边界外，其他的流域分水岭处的边界都施加无流量边界。在河流处，一般施加定水头边界，其中水头值被设置为长期平均水位。对于本章所采用的稳态系统和单向耦合模型，OGS 生成的基流分量已被验证与 mHM 估计的基流保持一致，这意味着地下水系统长期处于水平衡状态（Jing et al.，2018）。如图 4-2 所示，盆地内存在有 7 口饮用水生产井，在这些井处我们施加了定流量边界。然而，由于抽水量仅占流域总径流量的 3% 左右，因此抽水对流域水平衡的影响很小。

二、建模步骤

本章中的数值实验旨在探索地下水 TTD 的不确定性。为达到此目的，我们通过蒙特卡洛抽样法建立了地下水补给和水力传导系数的参数集合。具体的工作流程如下：

（1）首先，我们从德国地表水文通量的高分辨率数据集（Zink et al.，

2017）中采样了 8 个地下水补给实现（realization）。这些补给实现都是采用 mHM 生成的。此数据集（Zink et al.，2017）已经公开发表，其详细信息和采样方法将在本节中的（三）中描述。

（2）对于每次补给实现，使用零空间蒙特卡洛（NSMC）方法生成水力传导系数（K_s）的一组实现。

NSMC 方法基于 PEST 中的混合 Tikhonov‐TSVD 方法，其主要作用是由蒙特卡洛方法生成参数场。这种方法能够有效生成以现实条件和观测条件为约束的参数场集合。在本章中，我们采用 18 个空间分布的监测井的地下水头观测值来校准 OGS 模型（监测井的位置如图 4‐2 所示）。在生成参数集之前，对模型进行校准以获得拟合程度最佳的 K_s 场以及参数概率密度分布的协方差矩阵。在此信息的基础上，从均匀分布的水力传导系数集合中随机抽样而生成若干 K_s 场。水力传导系数的范围是从地质调查中获得的值预先定义的。最终，共生成了 400 个以观测和现实条件为约束的参数实现。

（3）在每个参数实现中，我们在地下水模型的上表面注入大量的示踪粒子。示踪粒子的密度与 mHM 计算的地下水补给率成正比。

为了更准确地计算地下水输移时长分布，大量示踪粒子（本案例中大约有 8 万个示踪粒子）被释放到地下水模型的上表面。释放的示踪粒子作为地下水 TTD 的样本。示踪粒子的密度与相应网格的地下水补给率成正比［见图 5‐1 （a）］。因此，每个示踪粒子代表了大约 700 m^3/年的地下水补给率。

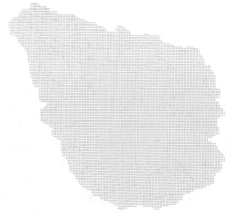

（a）基于 mHM 计算的地下水补给的示踪粒子　　（b）均匀补给场景中的均匀分布的示踪粒子
分布。这是示踪粒子的默认空间分布

图 5‐1　随机行走粒子追踪（RWPT）方法的示踪粒子的两种不同空间分布

（4）在前述的 400 个 K_s 参数场中，结合上步释放的示踪粒子，使用 RW-PT 方法计算地下水的 TTD。

在参数场的每个实现中，我们都会使用 RWPT 方法计算示踪粒子的输移时长分布。在本章的研究中，我们重点关注的是地下水 TTD 不确定性的成因。由于对流过程占优，对于所有的参数实现，扩散系数都设置为 0。地层中多孔介质的孔隙率设置为 0.2。通过上述步骤，我们可以在模型中任意时间和位置完全追踪流动路径和相应的输移时长，以便于对 TTD 进行系统性表征。

与此同时，我们还对地下水补给的空间变异性进行了敏感性分析。为此目的，我们比较了两种不同的地下水补给场景：①mHM 产生的空间分布式补给；②采用分布式补给平均值的均匀补给。其他的参数（包括孔隙度和水力传导系数等）在这两种补给场景中保持相同。

三、补给实现

我们采用 Zink 等（2017）发布的德国陆面通量和状态的高分辨率数据集，并在其中对补给实现进行采样。该数据集的时间尺度是 60 年，是在中尺度分布式水文模型 mHM 对 60 年（1951—2010 年）全德国的逐日地表水通量模拟结果的基础上建立的。该数据集由地表水文状态变量的集合（包含 100 个参数场实现）组成，水文状态变量包括蒸散量、地下水补给、土壤含水率和径流量，空间分辨率为 4km。所有的 100 个地表水文状态变量实现都可以匹配到逐日径流量的时间序列（也即所有参数都经过了校准）。这 100 个地表水文状态变量代表了地表水文过程的不确定性，因为它们都是由于盆地非均质性（几何形状、地形和地质的非均质性）引起的参数不确定性而导致的。通过与涡流协方差站观测到的蒸散和土壤含水率数据的对比验证，我们验证了此数据集的准确性（Hesse et al.，2017）。其中，地下水补给量与德国水文地图集的估计值非常吻合（Zink et al.，2017）。

本研究从数据集中的 100 个实现中采样了 8 个具有代表性的地下水补给实现（R1～R8）。为增强样本的代表性，100 个地下水补给实现按其空间上的平均值进行升序排列，而最终选择的 8 个样本是从排序后的补给实现中统一采样的。这样做可以保证最大和最小的地下水补给率都包含在样本中，以便完全覆盖整个地下水补给的不确定性。

四、参数不确定性

为了探索参数的不确定性，我们在每个补给实现下随机生成了多个受地下水位所约束的 K_s 场。图 5-2 显示了所有补给实现下生成的水力传导系数集合的箱线图（按地层分类）。从图 5-2 可以看出，mu 地层的水力传导系数具有最高的不确定性（$10^{-8}\sim10^{-5}$ m/s）。这表明 mu 地层的水力传导系数对地下水头观测不敏感，其原因是它是最深的地层，而且没有监测井位于该层。其他地层中的水力传导系数不确定性适中，并且大多数被限制在一个数量级以内。主要的含水层（mo、mm、冲积层和土壤）的水力传导系数随地下水补给率的增加（R1~R8）而增加。在水头观测值的约束下，水力传导系数随着补给率的增加而增加是符合地下水动力学基本规律的。

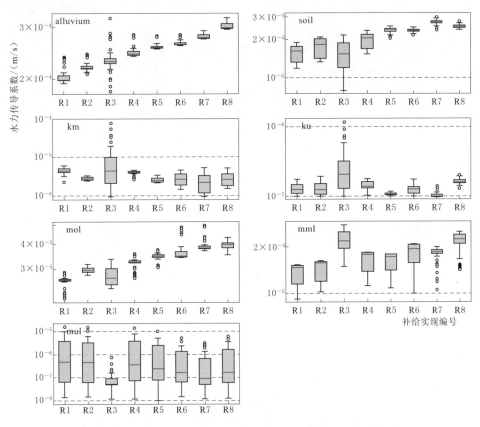

图 5-2　8个补给实现中每个地层随机生成的水力传导系数K_s的箱线图

　　此外，上述各地层中的水力传导系数与每个补给实现中的相应补给率大致呈线性正相关。图 5-3 显示了所有 400 个水力传导系数实现中模拟和观察到的地下水头的对比，其中包含了 400 个水力传导系数实现（R1K1~R8K50）的结果。可以看出，所有 400 个实现都很好地被地下水头观测值所约束。这体现在所有补给实现中，地下水头残差的均方根误差（RMSE）均低于 4.6m。

五、蓄水选择函数（SAS 函数）

　　输移时长指的是元素（水粒子或溶质）在水文系统中从补给进入系统到排泄所花费的时间。原则上，水文系统不一定局限在流域尺度，而是可以在任意

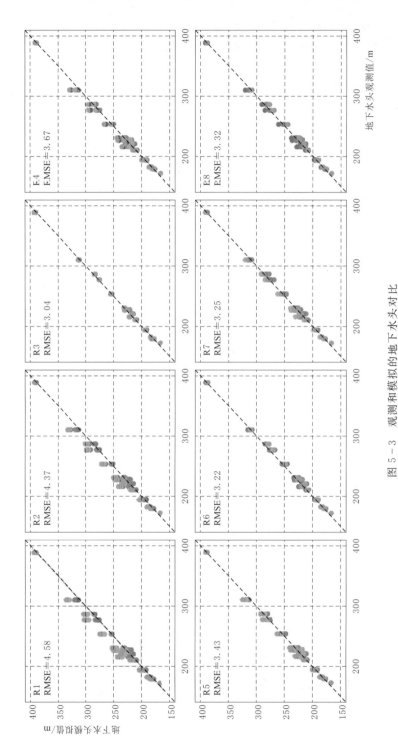

图 5 - 3　观测和模拟的地下水头对比

空间尺度（即从分子尺度到流域尺度）。我们假设水文系统的输入水通量为 J，排泄水通量为 $Q_1, Q_2, \cdots, Q_n$，系统内的元素的当前年龄为 τ。我们定义年龄分级蓄水量 $S_T = S_T(T, t)$ 为：水文系统中年龄 $\tau < T$ 的水的质量。因此，在水文系统中 TTD 的反向形式主方程如下：

$$\frac{\partial S_T}{\partial t} = J(t) - \sum_{j=1}^{n} Q_j(t) \overleftarrow{P}_{Q_j}(T, t) - \frac{\partial S_T}{\partial T} \tag{5-1}$$

式中：T 为蓄水库 S_T 中最老的水元素的滞留时间；t 为时间；$\overleftarrow{P}_{Q_j}(T, t)$ 为排泄水通量分量 Q_j 的反向输移时长分布；$J(t)$ 为 t 时刻的输入水通量；$Q_j(t)$ 为 t 时刻的排泄水通量。边界条件为 $S_T(0, t) = 0$。在本章中，我们关注的是饱和地下水系统，因此，J 是地下水补给量，Q 由两部分组成：河流基流量和生产井的抽水量。

SAS 函数描述了在时间 t 离开水文系统的水的质量分数（从按年龄排序的蓄水量 S_T 中排泄水的比例）。按照上面的定义，SAS 函数可以与反向输移时长分布联系起来，其表达式为

$$\Omega_Q(S_T, t) = \overleftarrow{P}_Q(T, t) \tag{5-2}$$

式中：Ω_Q 为 SAS 函数。

如果从所有不同年龄的蓄水库中均一地选择每个排泄水通量分量的年龄分布，则排泄水通量的 TTD 将变成滞留时间分布（RTD）的随机抽样的样本。许多过去的研究也将随机抽样视为对具有强非均质性流域抽样行为的正确描述（Cartwright et al. , 2015；Benettin et al. , 2015b）。在这种情况下，SAS 函数具有指数形式的解析解，表达式为

$$p_S(T, t) = \overleftarrow{p}_Q(T, t) = \frac{J(t-T)}{S(t)} \exp\left[-\int_{t-T}^{t} \frac{Q(\tau)}{S(\tau)} d\tau\right] \tag{5-3}$$

式中：$p_S(T, t)$ 为滞留时间分布的概率密度函数；$S(t)$ 为 t 时刻的蓄水量。

具体来说，在稳态的水动力系统中，式（5-3）可以进一步简化为以下形式：

$$\overleftarrow{p}_Q(T) = \frac{J}{S} \exp\left(-\frac{JT}{S}\right) \tag{5-4}$$

式（5-4）是随机抽样假设下的反向 TTD 的解析解。

在理想化的饱和地下水含水层中，式（5-4）等价于由 Haitjema（1995）导出的解析解。基于裘布依假设，Haitjema 推导出一个关于饱和地下水的滞留时间分布的公式，表达式为

$$p_S(T) = \frac{1}{\overline{T}} \exp\left(-\frac{T}{\overline{T}}\right) \tag{5-5}$$

式中：$\overline{T}=\dfrac{nH}{J}$；$n$ 为孔隙度；H 为饱和含水层厚度；$\overline{T}$ 为含水层中的平均输移时长（MTT）。

式（5-5）需要满足以下条件：nH/J 在整个域中是恒定的，地下水补给在空间上是均匀的，并且含水层是局部均质的。

六、SAS 函数与数值模型之间的联系

Danesh-Yazdi 等（2018）开发了一种将 SAS 函数链接到分布式数值模型的方法。尽管本章中的数值模型和粒子追踪方法与 Danesh-Yazdi 等（2018）不同，但原理类似。我们采用相同的方法将 SAS 函数和数值模型联系起来。

在稳态条件下，式（5-1）可以进一步简化为

$$\frac{\partial S_{\mathrm{T}}}{\partial T}=Q\left(1-\Omega_{\mathrm{Q}}(S_{\mathrm{T}})\right) \tag{5-6}$$

联立式（5-2）和式（5-6），则可以在稳态假设下直接计算按年龄排序的蓄水量 S_{T}，计算公式为

$$S_{\mathrm{T}}(T)=Q\left(T-\int_{0}^{T}\overleftarrow{P}_{\mathrm{Q}}(\tau)\mathrm{d}\tau\right) \tag{5-7}$$

通过联立式（5-2）与式（5-7），SAS 函数可以使用数值模型模拟的反向 TTD 而直接求得。

七、TTD 的预测不确定性

本章预测不确定性的理论框架来自于 Doherty（2015）的理论框架。根据贝叶斯定理，即便模型的参数已被调整为在校准过程中获得的最佳拟合值，模型参数仍然保留不确定性。然而，参数的不确定性受到了校准过程的约束。此约束可以分为两方面：约束之一在于校准之前，我们会根据经验和数据资料，确定参数的可调范围；约束之二在于校准过程中的参数化过程。

虽然计算成本高昂的贝叶斯方法为预测不确定性的评估提供了完整的理论框架，但实际建模工作中，通常采用传统的模型校准方法来约束参数范围，并且基于校准后参数的误差或不确定性的后续分析来预测不确定性。理想情况下，通过校准获得的最佳拟合参数可以将预测误差降至最低，而此最小预测误差即为模型的固有不确定性。然而，最佳拟合参数总是偏离真实参数，因为模型本身的缺陷可能会使得模型中的参数值偏离真实参数值。因此，本章中不确定性分析的动机是量化和最小化 TTD 的预测不确定性，同时保证：①参数取值是合理的；②模型可以很好地再现分布式的地下水头。

第四节 结 果

为了清楚起见，我们将地下水补给实现由低到高进行编号，为 R1（最小补给率）到 R8（最大补给率）。对于每个补给实现，将 50 个 K_s 实现编号为 K1 到 K50。因此，R1K1 代表补给实现 R1 中的 K1 实现，以此类推。

一、TTD 预测的不确定性

图 5-4 显示了随机抽样的某个参数实现（R5K1）中示踪粒子的流动路径，并为区域地下水流动模式和滞留时间分布提供直观的参考。在 R5K1 实现中，深层的地层（例如 mm2 和 mu2）是低渗透性隔水层，因此大多数地下水不会进入这些地层（见图 5-4）。

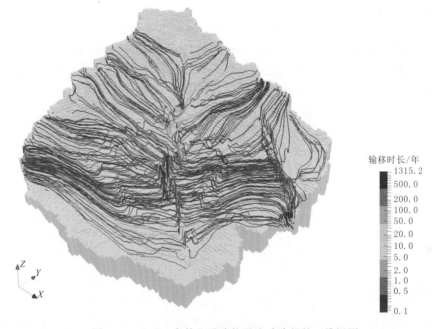

图 5-4　R5K1 中某些示踪粒子流动路径的三维视图

图 5-5 显示了 8 个补给实现中使用 50 个 K_s 场（橙色实线）模拟的 TTD。同时，基于指数模型的拟合后的 TTD（蓝色点划线）也显示在图中，以作为模拟值的参考。同时，我们计算了每个补给实现的 MTT 的集合平均值（μ）和变异系数（cv），并显示在图 5-5 中。请注意，如果参数实现的数量足够大，MTT 的集合平均值将收敛于通过模型校准获得的最佳拟合参数值。可以观察到，TTD 随补给实现的不同而显著变化。一般来说，μ 值

从补给实现 R1 的 166.5 年降低到补给实现 R8 的 110.9 年，总体呈下降趋势（只有两个例外：R3 和 R6）。也就是说，μ 值与补给率之间呈现反线性相关关系。同时，在每个补给实现中，K_s 的不同实现也影响着平均输移时长。在每个补给实现中，变异系数 c_v 的范围从 7.81%（R5）到 15.56%（R3）不等，表明 K_s 的不确定性（也即水力参数的不确定性）会导致 TTD 预测的不确定性。

同时，我们将随机抽样假设下的指数模型（图 5-5 中的蓝色点划线）拟合到数值解的集合平均 TTD 曲线（图 5-5 中的黑线）。如图 5-5 所示，数值模拟的 TTD 形状明显偏离于随机抽样假设下的指数分布，这表明在 Naegelstedt 流域，不同水龄的采样行为是不均一的。在随机抽样假设下，数值模拟的 TTD 比指数模型的 TTD 更右偏。这种现象表明 Naegelstedt 流域的地下水 TTD 不能采用单个的、基于随机抽样假设的蓄水库来简单刻画。

基于式（5-4），我们可以近似地估计含水层中的"有效蓄水量"。在这里，有效蓄水量指的是地下水中与地表水水力联系较强的蓄水量。我们求得的每个补给实现中的地下水有效蓄水量见表 5-1。数值解估算的有效蓄水量范围为 9.8~12.0m，而解析解估算的有效蓄水量范围为 6.8~7.5m。可以看出，积极参与水循环的地下水蓄水量明显小于地下水总蓄存量（48.3m）。这种差异是基于以下原因：通过粒子追踪，我们发现示踪粒子的流动路径局限在浅部含水层，而不是均匀分布在整个含水层系统中。需要指出的是，此处求得的地下水蓄水量只是基于数值模型和指数模型的近似解，因为严格来说，指数模型只适用于理想化的均质含水层系统（Haitjema，1995）。

表 5-1　　　　　　　　　每个补给实现中的地下水有效蓄水量　　　　　　　单位：m

解类型	有效蓄水量								
	R1	R2	R3	R4	R5	R6	R7	R8	平均值
数值解	10.7	10.6	12.0	10.5	9.8	10.2	10.2	10.6	10.6
解析解	6.9	6.9	7.5	7.1	6.8	6.9	6.9	7.2	7.0

此外，我们评估了 400 个地下水补给和水力传导系数的蒙特卡洛实现产生的输入和参数不确定性对 MTT 的影响机制。图 5-6（a）显示了所有参数集合的 MTT 的直方图。400 个参数的 MTT 值从 87 年到 212 年不等。同时，所有参数集合的 MTT 的平均值为 135.1 年，变异系数为 18.93%。图 5-6（b）显示了 MTT 的集合平均值与地下水补给率之间的关系。可以看出，MTT 的集合平均值与地下水补给率之间大致成反比的关系。模拟的 MTT 的标准差范围从 12.9 年（R6）到 24.7 年（R3）不等。

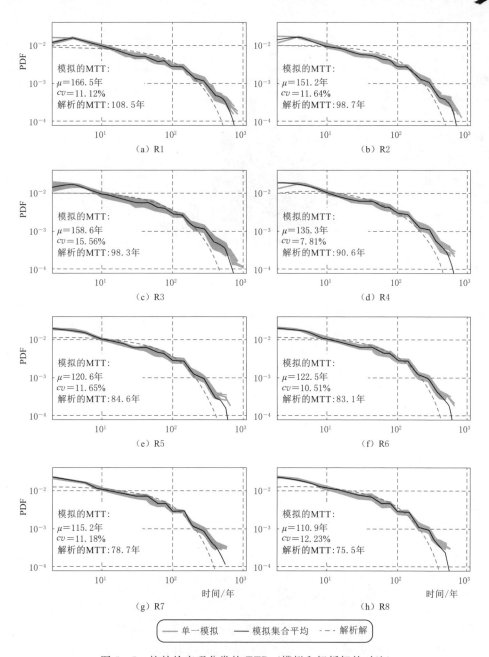

图 5-5　按补给实现分类的 TTD（模拟和解析解的对比）

图 5-7（a）显示了服从形状参数 $a = 0.5$、$a = 1$ 和 $a = 2$ 的伽马分布的 SAS 函数，直观地说明了 SAS 函数与地下径流中不同龄期的水之间的关系。图 5-7（b）显示了所有参数实现（400 个 K_s 实现）所模拟的 SAS 函数，同

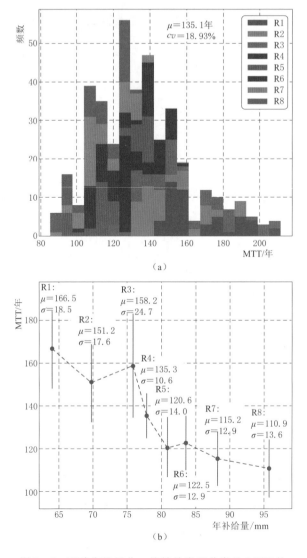

图 5-6　不确定性量化：按补给实现分类的 MTT 的
蒙特卡洛集合模拟结果

时显示了本案例中参数集合的 SAS 函数（浅灰色线）和每个地下水补给实现
的集合平均值（彩色线）的对比。该图以不同的颜色和线条样式分为 8 组，每
组代表一个地下水补给实现。尽管补给实现和 K_s 实现不同，但地下水系统都
显示出了较弱的、排泄较新的水的倾向。然而，可以观察到 SAS 函数随补给
实现和 K_s 实现的不同而变化。此变异性是由不同 K_s 参数实现控制的，同时
受到流动路径和流动速度的空间变异性的影响。例如，渗透性较强的浅部含水

层将激活该层中更多的流动通道，从而使得含水层系统倾向于排泄新水。值得指出的是，最深部的地层（例如 mu 层）的水力传导系数的显著变化对老水的排泄有显著影响。该层最厚可达 100m，其水力传导系数控制着有多少水可以进入该层，以及流线可以发展到多深。这种效果可以通过图 5－7（b）中 SAS 函数与老水相关部分（后半部）的强烈变异性和与新水相关部分（前半部）相对较小的变异性得到证明。

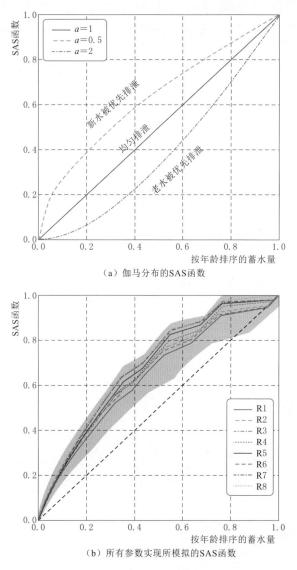

（a）伽马分布的SAS函数

（b）所有参数实现所模拟的SAS函数

图 5－7　SAS 函数与归一化的、按年龄排序的蓄水量的关系

二、TTD 对地下水补给空间模式的敏感性

图 5-8（a）显示了模拟的 TTD 和 MTT 对地下水补给空间分布的敏感性，而图 5-8（b）显示了 SAS 函数对地下水补给空间分布的敏感性。我们设置了一个参考模拟场景，此场景的地下水补给采用空间均匀的补给，该补给率等于空间分布式补给率的空间平均值，而这两个模拟场景中的所有其他参数保持相同。可以看出，不同的补给空间分布对 TTD 的形状有明显的影响。两种补给场景的 TTD 之间的最明显差异似乎出现在早期（也即新水的输移时长）。

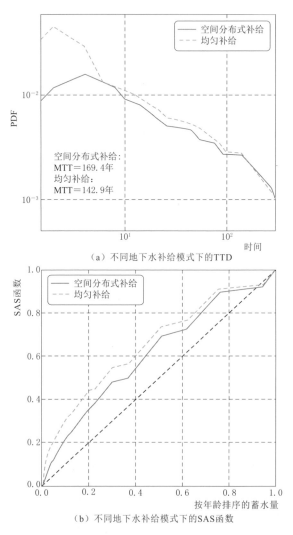

（a）不同地下水补给模式下的TTD

（b）不同地下水补给模式下的SAS函数

图 5-8　TTD、MTT 以及 SAS 函数对地下水补给空间模式的敏感性

此外，使用均匀补给的 MTT 略小于使用空间分布式补给的 MTT。图 5 - 8 (b) 表明，相比于使用空间分布式补给的地下水系统，使用均匀补给的地下水系统更倾向于排泄新水。尽管如此，这两种场景都显示出：含水层系统更倾向于排泄新水。这种现象进一步强调了 SAS 函数对补给空间模式的依赖性，以及补给空间分布的可靠表征对于准确刻画 TTD 的重要性。

两个补给场景下的地下水模型采用了相同的水力传导系数场，因此 TTD 和 SAS 函数的差异不是由内部水力特性的差异引起的。相反，它主要是由两种补给场景中示踪粒子的不同流动路径引起的。在 mHM 模拟的空间分布式补给中，上游山区的补给率高于低地平原。相比之下，均匀补给方案忽略了这种空间不均匀性。这种差异导致以下结果：首先，在均匀补给的情况下，更多的示踪粒子从低地平原的河流附近的位置进入地下水系统（见图 5 - 8），表明更多的示踪粒子的流动路径局限在局部流动系统，而不是区域流动系统。其次，低地平原较高的补给率加速了示踪粒子在该地区的运动并缩短了输移时长。因此，低地平原浅含水层内的局部流动路径被激活，导致对浅含水层局部流动路径的占比增加，因此地下水系统对排泄新水的倾向更强。值得注意的是，我们的发现与 Kaandorp 等（2018）的研究结果一致。

第五节 讨 论

一、外部输入、内部水力特性和 TTD 预测的不确定性

已有研究表明，在地下水流遵从裘布依假设的理想化含水层中（补给均匀、含水层局部均质），TTD 受补给率、饱和含水层厚度和孔隙度控制，并且与水力传导系数无关（Haitjema，1995）。本章结果表明，在具有复杂几何形状、地形、水文地质性质的和不均匀补给的真实流域中，地下水 TTD 同时取决于补给率和水力传导系数场（K_s 场）。

值得注意的是，地下水补给率和 K_s 场对 TTD 的影响机制是不同的。在补给的空间模式保持不变的前提下，更高的补给率会增大整个流域的地下水流量，这个过程驱动地下水在补给区向下游流动，最终到达排泄区。因此，所有流动路径的流速均等地增加，并且流线的空间分布没有改变，从而相应的 SAS 函数也没有改变。相比之下，不同的 K_s 场会激活更多高渗透地层中的流动路径，阻止渗透性较低的地层中的流动路径，改变流动路径的空间分布，从而改变了 SAS 函数的形状。

本章也强调了地下水头观测数据在减少 TTD 预测不确定性方面的重要作用。在 Naegelstedt 集水区的案例研究中，大多数模型参数可以通过空间分布

的地下水头观测得到充分约束（见图 5-2）。在大多数 K_s 场可以在地下水头测量值和经验下得到有效约束的情况下，TTD 的预测结果也可以得到有效地约束。这可以通过图 5-5 得到证明。可以观察到变异系数在不同补给实现中取值范围为 7.81%～15.56%。不同补给实现的整体平均 MTT 也具有较高的变异系数（15.70%），这意味着 TTD 似乎对地下水补给率非常敏感。我们的发现与 Danesh-Yazdi 等（2018）的研究一致。他们研究了补给率和地下异质性之间的相互作用，并观察到了 TTD 对地下水补给率和补给模式的强烈依赖性。

二、SAS 函数在刻画地下水排泄方面的作用

我们的研究表明，对蓄水库的水进行随机采样的假设下，TTD 的解析解不能正确表征研究区域中数值模拟得到的 TTD。在具有复杂地形和补给的地下水含水层中，基于指数模型的解析低估了 MTT。请注意，当模拟的 TTD 具有比指数分布更强烈的拖尾（tailing）行为时，此结论是成立的。许多对于其他地区的含水层的研究（Basu et al.，2012；Eberts et al.，2012）也报告了类似的结果。这一发现可以看作是 Basu 等（2012）的研究的扩展，其中作者在研究一个小集水区的 TTD 时，发现使用指数模型的解析解和三维数值解之间存在中等程度的差异。

很明显，随机抽样假设下的解析解不能表征含水层水力特性非均质性和空间不均匀补给的影响。解析模型的上述限制可能会对 TTD 的预测结果引入显著的预测误差（见图 5-5）。此外，此研究表明可以利用分布式数值模型的 TTD 模拟结果反推与地表水具有强烈水力联系的地下水蓄水量。我们的研究结果表明：参与当代活跃的水循环的地下水蓄水量只占地下水总蓄水量的一小部分。

SAS 函数的优势在于它可以表征地下水系统对不同年龄水的排泄偏好，因此为数值模型的模拟结果提供了良好的可解释性。研究结果表明，在分层的含水层系统中，SAS 函数对水力传导系数有较弱的依赖性，但是总体倾向于优先排泄新水的趋势没有变化。这种弱依赖性的主要原因是示踪粒子的流动路径在不同的水力传导系数场中具有不同的空间分布。与我们的研究类似的是，其他相关研究也报告了饱和含水层倾向于排泄新水的总体趋势（Danesh-Yazdi et al.，2018；Kaandorp et al.，2018）。本章内容将输移时长的显式模拟与 SAS 函数联系起来，并揭示了地下水补给和水力传导系数的不确定性对 SAS 函数的不确定性的影响机制。

三、TTD 和 SAS 函数对地下水补给空间模式的依赖性

TTD 和 SAS 函数对地下水补给空间模式的敏感性主要可以通过示踪粒子

的不同流动路径来解释。流动路径主要来受整个集水区地下水补给的空间分布控制。对于区域地下水系统，补给的空间分布决定了示踪粒子流动路径起点的分布。例如，更多的示踪粒子将从通常位于高海拔地区的补给区注入，导致从高海拔地区开始的流线的比重更高。地下水补给的空间变异性还控制了系统的排泄对来自不同区域水的偏好，因此显著影响并控制了 SAS 函数的形状。

在 Naegelstedt 盆地，与 mHM 模拟的空间分布式补给相比，过度简化的空间均匀补给模式导致了更短的 MTT 和更倾向于排放新水的趋势。这个现象并非普适性结论，而是适用于特定的研究区域。此结论可以适用于以下类型的研究区域：①位于湿润气候条件下的流域；②研究区域内靠近排泄区的补给率普遍低于远离排泄区的补给率；③地下水系统接近于自然条件，这意味着人工排水和抽水对地下水平衡的影响较小。

我们的研究表明，地下水补给空间分布的合理表征对于可靠的 TTD 预测至关重要。由于补给很难通过观测得到，在当今的技术下量化区域尺度的地下水补给率和补给分布是非常具有挑战性的。同时，我们需要根据研究目标和研究区域的时空尺度选择合适的技术来估算地下水补给量。此外，本章中的 TTD 受限于观测数据，仍然具有很大的不确定性。因此，我们建议结合使用多种技术和多源数据来降低地下水补给估算的不确定性。

四、对流域尺度地下水建模的启示

不确定性限制了地下水数值模型的精确性和可靠性。大多数的流域尺度地下水模型是确定性模型（deterministic model）。也就是说，它们直接使用参数的确定值，而不是它们的概率分布。具体来说，模型的输入数据和反演过程都是确定性的，而参数取值则根据模型校准后的最佳拟合结果而确定。我们的研究揭示了上述建模过程的局限性，并且我们建议在建模时应考虑输入数据和参数的概率分布。上述建模流程的主要缺点是地下水补给的单一排他性可能导致模拟结果的误差，因为地下水补给的误差可以通过校准过程传播到其他参数（例如水力传导系数）。这种误差的累积将进一步导致模型模拟的 TTD 出现严重偏差。此外，本章中使用的建模工作流程在计算效率上比贝叶斯方法更高效，并且适用于复杂条件下的流域尺度地下水建模的应用。

TTD 的不确定性大小与地下水模型的参数化过程紧密相关。由于数据的稀缺，一些高度参数化的模型可能是病态的（ill - posed），因此参数不受观测数据的有效约束。在这种情况下，TTD 的预测不确定性可能很大。由于局部尺度的非均质性的表征非常困难，分层的含水层模型仍然被广泛用于地下水建模。考虑到该案例中的含水层模型是分层的，并且参数数量少于观测点的数量，该案例中的大多数可调参数可以有效地被观测值所约束。在这种情况下，输入数据（例如补给率）的不确定性似乎对 TTD 预测的不确定性起主要作用。但是，本章中我们没有考虑模型结构的缺陷引起的误差。

第六节　本　章　小　结

在本章中，我们探讨了地下水补给的不确定性、校准后的水力传导系数不确定性和地下水 TTD 之间的关系。采用了基于物理的数值模型和解析模型（指数模型），在德国中部 Naegelstedt 盆地中进行了深入的案例研究和分析。采用随机行走粒子追踪法跟踪降水的流动路径并计算它们的输移时长。此外，将解析模型与数值解进行拟合，为量化含水层系统的有效蓄水量和排泄不同水龄的水的倾向性提供参考。基于案例研究，主要得出以下结论：

（1）在 Naegelstedt 流域地下水模型中，模拟的 MTT 强烈依赖于地下水补给率，而对校准后的水力传导系数场的依赖性不强。这个发现强调了地下水补给率和空间分布的重要性，以及地下水头观测数据在减小 TTD 不确定性方面的重要作用。

（2）SAS 函数可以表征地下水系统排泄新/老水的倾向性，从而为 TTD 的模拟结果提供良好的可解释性。在 SAS 函数的基础上，我们发现尽管补给率和水力传导系数不同，所有参数的模拟结果都显示了排泄新水的偏好。通过结合校准约束下的蒙特卡洛参数生成、数值模型和 SAS 函数框架，提供了一个新的建模框架。此框架可以量化输入数据和参数的不确定性对 TTD 和 SAS 函数的影响。

（3）集水区地下水的 TTD 和 SAS 函数的形状和宽度均对补给的空间分布非常敏感。因此，合理表征地下水补给的空间格局对于精确预测流域尺度地下水模型中的 TTD 至关重要。

第六章　mHM‐OGS 的应用二：
地下水资源对气候变暖的响应

第一节　简　　介

全球的水资源正在经受着不同因素的威胁，其中不断变化的气候是一个关键的影响因素。全球变暖是气候变化的一个最重要迹象。长期的气温记录表明，近200年来，不仅地表温度呈现持续升温的趋势，海面温度也有所升高（Stocker，2014）。已有充分证据表明，自18世纪以来的大量温室气体排放加速了全球变暖进程（Stocker，2014）。因此，迫切需要估计未来全球变暖情景中气象变量（如降水和温度）的变化。值得注意的是，大气环流模型（GCM）与不同排放情景或代表性浓度路径（RCP）相结合的方法，已被广泛用于气候影响研究。

气候变化可能会显著改变陆地水文过程的模式，影响流域内水文过程时空模式，并影响洪水和干旱等极端气象事件的程度和频率（Marx et al.，2018；Thober et al.，2018）。水文过程和状态（例如蒸散量、土壤含水率和地下水补给）与当前的气候和气象变量（例如降水、湿度和大气温度）紧密相关。然而，气候变化对陆地水循环的影响机制非常复杂。已有研究表明，不同气候模型预测的未来全球温度变化的平均趋势具有良好一致性，但对降水的预测则不确定性较大。尤其是在区域尺度，不同气候模型在对降水量的预测上存在分歧。许多过去的研究致力于预估气候变化对水文状态和水通量的影响机理和不确定性（Samaniego et al.，2018；Van Roosmalen et al.，2009）。其中，一些研究表明极端事件（如土壤干旱和热浪）的频率和强度可能因气候变暖而加剧（Samaniego et al.，2018；Kang et al.，2018）。Schewe 等（2014）的研究表明，在2℃的全球变暖情景下，由于淡水资源的减少，全球水资源短缺可能会加剧。

作为地球上淡水资源的最大单一来源，地下水资源在陆地生态系统的可持续性和应对气候变化的挑战方面发挥着关键的作用。在全球范围内，地下水占到可利用淡水资源总量的35%，分别约占到家庭用水、工业用水和农业用水量的36%、27%和42%（Döll et al.，2012）。尽管由于资料的稀缺性，仍然很难准确刻画区域尺度地下水系统的水力学特性，但区域尺度地下水资源已被证实越来越受到人为因素的影响。全球地下水系统可以直接受到气候变化的影响（通过地下水补给量的变化），也可能间接受到气候变化的影响（通过地下水开采量的变化）（Taylor et al.，2012）。此外，这些影响同时受到土地利用变化等人为活动的叠加作用。许多最近的研究致力于评估气候变化对地下水资源属性的影响（Engdahl et al.，2015；Goderniaux et al.，2013；Maxwell et al.，2008）。这些已有的研究经常使用耦合的"大气水-土壤水-地表水-地下水"模型来研究不同气候情景下地下水蓄水量对外部气候因素的响应机理。与地表水文过程相比，地下水库不太容易受到极端事件的影响（Maxwell et al.，2008）。地下水对气候变化的响应过程较慢，其主要原因是：①地表水-地下水相互作用具有非常复杂的时空模式；②非饱和带的厚度不等；③地下水蓄存量非常大，因而具有很强的自我更新能力。因此，为了保证区域水资源的可持续性，亟须对区域地下水系统未来水资源量和输移时长的不确定性进行量化分析。

由于不同气候条件下区域陆地水循环模式的多样性，气候变化将对地下水补给的变化产生不同的影响。例如，Sandström（1995）的研究发现，在坦桑尼亚，降水减少 15% 而气温没有任何变化的情况下，地下水补给量将减少 40%~50%。这表明与降水相比，地下水补给的变化会被放大。虽然一些研究发现地下水补给在未来可能呈现增加趋势，但一些其他研究表明气候变化可能导致补给量的下降（Goderniaux et al.，2015；Havril et al.，2018）。然而，无论变化的趋势如何，补给量的变化都会显著影响地下水位，并可能导致自然湿地退化甚至消失等生态问题（Havril et al.，2018）。地下水补给量和补给模式的改变，将控制污染物的流动路径和输移时长，这对区域地下水系统水质的可持续性至关重要。此外，地下水补给的改变可以改变包气带和饱和带中水的年龄分布，并显著改变流域内地表水的年龄分布。

地下水输移时长分布（TTD）可以有效地描述各种气候因素作用下含水层蓄水和释水的动态过程。TTD 作为一个概化指标，已被广泛用于水文学和环境科学研究中。例如，多项研究已观察到河流的流量对降水的响应存在显著的滞后效应。此外，地下水库中的遗留污染物会对农业密集流域的污染物总负荷产生很大的影响（Van Meter et al.，2017）。地下水 TTD 作为对具有强烈非均质性和分层特性的含水层的集总式描述，反映了地下水对气候变化、土地利用变化和面源污染的承载力，因而对流域尺度面源污染的评估具有重大意义。

尽管大量已有的研究评估了未来气候变化对地下水补给、地下水平衡和地表水-地下水交换的影响，但目前还缺乏对不同升温水平下的地下水量和 TTD 的系统研究，更缺乏同时覆盖气候预测和水文参数的不确定性的研究。在本章的研究中，我们使用地表水-地下水耦合模型 mHM-OGS 分析了德国中部盆地（Naegelstedt 盆地）的水文过程。由于本章的研究区域与上一章相同，因此不再重复介绍研究区域。通过本章的研究，我们旨在回答以下关键科学问题：①未来几十年，研究区域地下水系统的地下水流场在各种升温情景下会发生怎样的变化？②能否量化不同不确定性来源（如气候模型预测和地下水模型本身的不确定性）的程度及其对最终模拟结果的影响？为了回答这些问题，同时考虑到地下水含水层对气候变化的缓冲作用，本章重点研究了气候变暖对区域地下水系统流场和可能的环境风险的长期影响。

第二节　研　究　方　法

为了研究不同气候变暖情景的影响，我们修改了最初 EDgE 和 HOKLIM 项目所开发的建模框架（Thober et al.，2018；Marx et al.，2018），并将三维地下水流动模型耦合到此框架。具体而言，我们采用了来自三种不同的 RCP 和五个 GCM 的气温和降水的组合来驱动中尺度分布式水文模型 mHM，其目的在于获得不同未来变暖情景下的地表水文通量和水文状态。然后，将 mHM 计算的地下水补给作为边界条件，赋予到地下水模型 OGS，最终获得三维地下水流场，以评估地下水位和输移时长分布。

我们从 CMIP5 中选取了五个全球气候模式（GFDL - ESM2M、HadGEM2 - ES、IPSL - CM5A - LR、MIROC - ESM - CHEM 和 NorESM1 - M）。同时，这些气候模式中耦合了三个 RCP：RCP2.6、RCP6.0 和 RCP8.5。不同的 RCP 代表了不同的温室气体排放情景，RCP2.6、RCP6.0 和 RCP8.5 分别代表低排放、中排放和高排放情景。这些气候模型的数据全部从 ISI - MIP 项目获得。这种方法被称为多模式集合方法，其优点在于可以考虑气候模型中的不确定性。采用趋势保持偏差校正方法，将来自 GCM 的气候变量（降水和气温）降尺度到 0.5°的空间分辨率。趋势保持偏差校正方法能够较精确地刻画流域内的水文变量的长期均值和极值。通过外部克里金方法（EDK）将 0.5°分辨率的数据进一步内插到分辨率为 5km 的网格中。EDK 方法可以在子网格尺度上耦合高程数据的信息，并已获得广泛应用（Zink et al.，2016；Thober et al.，2018）。

我们使用 1971—2000 年的气象资料来代表当前的气候条件，因为 1991—2000 年是 GCM 可用数据中的最近的十年。这一时期的 GCM 数据可作为未来气候变化预测的基准场景。应用时间采样方法来估计不同全球升温水平（1.5℃、2℃和 3℃）的时间周期。由于气候模型本身的机理不同，五个 GCM 具有不同程度的气候敏感性。具体而言，在五个 GCM 和三个 RCP 的气象模式组合中，达到 1.5℃、2℃和 3℃升温的时间也不同。值得注意的是，我们关注的是 21 世纪（2099 年之前）未来的升温，而某些 GCM 和 RCP 的组合预测的升温不在此范围内。因此总共使用了 35 种 GCM 和 RCP 的组合（见表 6 - 1）。

与第五章中的案例研究相类似，本章所采用的数值模型是地表水-地下水耦合模型 mHM - OGS，采用 RWPT 法对地下水输移时长分布进行计算。

表 6-1　　　五个 GCM 和三个 RCP 下达到的 1.5℃、2℃ 和 3℃

的升温水平的时间段

升温幅度/℃	RCP	GFDL-ESM2M	HadGEM2-ES	IPSL-CM5A-LR	MIROC-ESM-CHEM	NorESM1-M
1.5	2.6	—	2007—2036	2008—2037	2006—2035	2047—2076
	6.0	2040—2069	2011—2040	2009—2038	2012—2041	2031—2060
	8.5	2021—2050	2004—2033	2006—2035	2006—2035	2016—2045
2	2.6	—	2029—2058	2060—2089	2023—2052	—
	6.0	2060—2089	2026—2055	2028—2057	2028—2057	2054—2083
	8.5	2038—2067	2016—2045	2019—2047	2017—2046	2031—2060
3	2.6					
	6.0		2056—2085	2066—2095	2055—2084	
	8.5	2067—2096	2035—2064	2038—2067	2037—2066	2057—2086

第三节　模　型　建　立

我们平行设计了两个数值实验来研究气候模型和地下水模型中的不确定性对地下水位和 TTD 的影响。针对气候模型不确定性，我们评估了 35 个 GCM 和 RCP 的组合模拟的结果，而暂时不考虑水文模型中的参数不确定性。同时，为了评估水文模型中的参数不确定性，使用了一种特定的气候情景，而地下水模型使用了多组参数场。其中，该气候情景是通过计算所有 35 个气候情景的集合平均值而产生的。

一、mHM 模型的建立

我们采用由五个 GCM 模拟生成的、空间分辨率为 5km 的降尺度的气象数据集作为 mHM 的输入参数。采用全欧洲的土地利用数据集和从 E-OBS 数据集获得的空间分布的气象观测数据，在整个欧洲尺度上建立 mHM 模型。为了校准 mHM 模型的全局参数，使用 GRDC 数据库中的河川径流逐日观测数据进行模型校准。所有集合模拟都使用相同的地形、土地利用和土壤类型的数据库，以便在整个研究中保持相关参数的前后一致性。Marx 等（2018）的研究已经使用 1966—1995 年欧洲的大量气象测量站的观测结果，验证了欧洲尺度 mHM 模型的精确性。然后，导出校准后的 mHM 参数集并用于未来升温情景下地下水补给的预测。mHM 计算的地下水补给的空间分辨率为 5km，仍然较为粗糙。为了匹配 Naegelstedt 流域的面积，进一步使用双线性插值将空间分辨率提升至 250m，并保存为 OGS 地下水模型的边界条件。

二、OGS 模型的建立

在 OGS 模型中，我们采用分辨率为 25m 的数字高程模型（DEM）来确定流域的外边界和三维网格的顶面高程。基于上述信息和图林根州环境与地质办公室（TLUG）的钻孔数据，建立了一个三维分层有限元网格。此有限元网格由 293041 个结构化的六面体单元组成，在 x 和 y 方向上的分辨率为 250m，在 z 方向上的分辨率为 10m。本章采用参数分区法来表示水力特性（即水力传导系数）的非均质性。根据该地区的地质分层情况，划分了 10 个不同类型的沉积单元，包括中 Keuper（km）、下 Keuper（ku）、上 Muschelkalk 1（mo1）、上 Muschelkalk 2（mo2）、中 Muschelkalk 1（mm1）、中 Muschelkalk 2（mm2）、下 Muschelkalk 1（mu1）、下 Muschelkalk 2（mu2）、冲积层以及表层土壤层。地质单元"冲积层"代表了河流附近的沙质外冲和砾石，而"土壤层"表示最上面的土层，深度为 10 m。具体的地质分层情况请参照第四章第三节的内容。

对于气候情景的不确定性研究，OGS 模型采用从许多参数场中采样的水力传导系数场来进行。这些参数场都受到地下水头观测的约束（见表 6-2）。同时，为了评估地下水模型的参数不确定性，使用从许多水力传导系数场中随机采样的 80 个水力传导系数场来覆盖可能存在的水力传导系数取值范围。同时，为每个地质层赋予了 0.2 的均匀孔隙度。

表 6-2 主要地层的水力传导系数取值 单位：m/s

地层	水力传导系数	地层	水力传导系数
km	1.145×10^{-5}	mo2	3.939×10^{-5}
ku	3.714×10^{-6}	mm2	2.184×10^{-5}
mo1	3.939×10^{-4}	mu2	2.258×10^{-6}
mm1	2.184×10^{-4}	soil	3.026×10^{-4}
mu1	2.258×10^{-5}	alluvium	1.445×10^{-3}

鉴于本章旨在评估区域地下水系统对全球变暖情景的潜在响应，因此可以假设地下水系统处于稳态。做出这个假设是因为未来的升温水平是一个长期的平均值，在这样的时间尺度（十年以上），气候因素的短时波动在区域地下水系统中基本上受到抑制，对长期的趋势作用不大。本章的研究侧重于全球变暖对地下水位和 TTD 的长期影响。因此，稳态假设在本章的背景下是合理的。

三维有限元网格的底部和外部边界是不可渗透的，因此被赋予了无流边界条件。通过 mHM-OGS 模型接口，将 mHM 预估的未来气候情景下的空间分布式入渗率映射到三维网格上表面的每个网格节点上。该流域为农业密集区域，有若干口抽水井长期抽取地下水。我们将长期的平均抽水率作为抽水井处的第二类边界，其中抽水率是根据从文献中获得的长期历史数据求得。Nae-gelstedt 流域的长期平均抽水率为 18870m³/d。在流域内的常年性河流处（包括一个主干流和三个支流）设置了第一类边界条件，其水位取历史观测的长时平均水位。对于拉格朗日粒子追踪模型，大约一万个空间分布的示踪粒子被放置在网格的上表面。示踪粒子的空间分布与每个气候情景模拟的地下水补给的空间分布保持一致。

三、模型校准

我们使用 50 年（1955—2004）的河川径流和地下水头的长时观测数据来校准 mHM-OGS 水文模型。如第四章和第五章所述，校准后的 mHM 模型可以成功地匹配集水区出口处观测到的径流量。同时，校准后的 OGS 地下水模型也可以匹配到监测井的长期平均水头观测值（见图 6-1）。如图 6-1 所示，所有参数场的模拟结果与实测数据的均方根误差（RMSE）值都很小，这表明所有 80 组水力传导系数场都与地下水头观测值兼容。

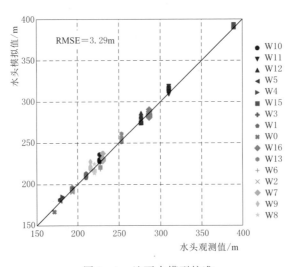

图 6-1　地下水模型校准

第四节　结　果

本节详细描述了在不同气候变暖情景下，地下水补给、地下水位和 TTD 的集合模拟结果。为清楚起见，我们使用"＋"表示模拟值相对于历史背景值的增加，使用"－"来表示模拟值相对于历史背景值的减少。

一、气候变暖对地下水补给的影响

图 6-2 显示了使用五个 GCM 在 1.5℃、2℃和 3℃的升温水平下模拟的年平均补给的相对变化。其中，图 6-2（a）、图 6-2（b）和图 6-2（c）显示了单个模拟结果的散点图，而图 6-2（d）显示了集合模拟不确定性。对于 1.5℃的升温水平，平均年补给率的可能变化范围为－4％～15％。而对于 2℃的升温水平，平均年补给率的可能变化范围为－3％～19％。在 3℃的变暖情景下，模拟的年平均补给率的变化范围从－8％到 27％不等。在 35 个 GCM 和 RCP 组合中，有 29 个的模拟结果表明地下水补给呈增加趋势，而只有 6 个组合的模拟结果显示补给率会下降。分析表明，模拟的补给率变化趋势更多地依赖于使用的 GCM，而非 RCP。此现象可以从以下角度理解：不同的 RCP 代表的是不同温室气体排放水平，而在本章的模型设定中，这些 RCP 最终达到了同样的升温水平（尽管经历的时间不同）。因此，在相同的升温水平上，RCP 之间的差异性被削弱了。尽管如此，在图 6-2 中仍然可以观察到由不同 RCP 引起的补给率的差异，这表明有必要考虑多种 GCM 和 RCP 组合以减小预测的不确定性。通过分析集合模拟的平均值，我们发现地下水补给率在 1.5℃、2℃和 3℃变暖情景下分别增加了 8.0％、8.9％和 7.2％。同时，预测结果的标准差（SD）随着升温水平的增加呈现增加的趋势。随着全球升温水平的提高，地下水补给的预测的变异性也会增加［见图 6-2（b）］。

总的来说，集合模拟的结果表明，未来研究区域的地下水补给率很可能将高于 1971—2000 年的平均水平。在大多数 GCM 和 RCP 的组合中，地下水补给率的增加幅度低于 20％，而三个 GCM/RCP 组合显示了研究区域的地下水补给减少的情况。3℃的升温情景下的模拟结果具有最大的 SD（即最大的预测不确定性）。请注意，由于 mHM-OGS 是本章中使用的唯一水文模型，并且所有模拟的参数值都相同，所以预测不确定性主要由各种 GCM/RCP 组合的气候模型引入。

二、气候变暖对地下水位的影响

为了探明不同气候变暖情景下地下水位的响应情况，本小节显示了 35 个 GCM/RCP 组合下的地下水位模拟结果。图 6-3 显示了使用最小、平均值和最大的预估补给率情景下模拟的地下水位变化情况。其中，图 6-3（a）显示了 1971—2000 年历史基线水平下的地下水位的长期平均值。图 6-3（b）显示了地下水位在 1.5℃、2℃和 3℃升温水平下的地下水位与历史基线情景的地下水位差值。一般来说，与低地平原相比，受地形驱动的地下水流动区域（例如西北部山区）似乎对补给率的变化更为敏感。在 1.5℃的升温情景下，与基线情景相比，使用最大补给率模拟的地下水位上升量为 0～10m，而使用最小

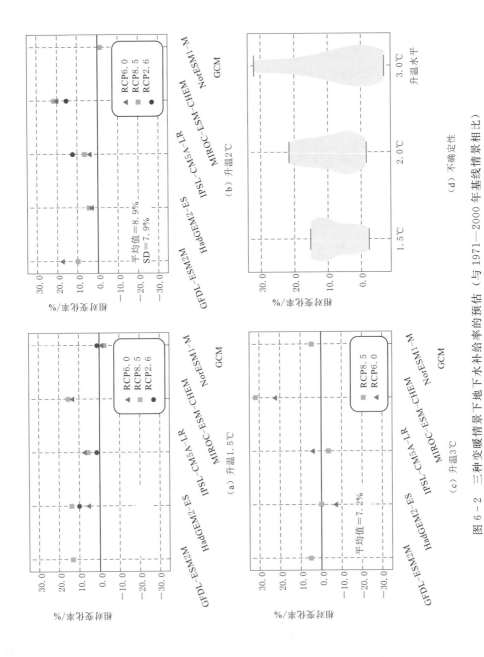

图 6－2　三种变暖情景下地下水补给率的预估（与 1971—2000 年基线情景相比）

128

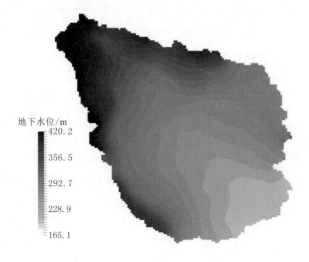

（a）历史的地下水位

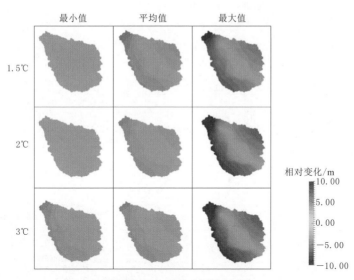

（b）不同升温水平下的地下水位相对变化

图 6-3 Naegelstedt 流域地下水位等值线图

补给率模拟的地下水位略有下降。在 2℃ 变暖情景下，如果使用最大预估补给率和平均预估补给率，地下水位预计会相比于基线水平增加。而如果使用最小预估补给率，则地下水位的变化不显著。在 3℃ 的升温情景下，模拟的地下水位的相对变化是三种升温情景中最大的。如果使用最大补给率，与 1971—2000 年的历史平均值相比，模拟得出的地下水位显著增加，而使用最小补给率的模拟结果表明地下水位会略微下降（在东北部山区最高下降幅度可达 5m）。

图 6-4 进一步显示了几个监测井的地下水位变化，其中监测井的位置如图 4-2 所示。一般来说，地下水位的变化是由地下水补给率的变化引起的，因此更大的地下水补给率导致更高的地下水位，反之亦然。模拟的地下水位的标准差从 1.5℃ 升温水平下的 2.20m 增加到 3℃ 升温水平下的 4.70m（见图 6-4）。这表明随着全球持续变暖（从 1.5℃ 升温情景到 3℃ 升温情景），地下水位变化的不确定性呈增加态势。对地下水位的预测的不确定性与所采用的 GCM 密切相关。例如，使用来自 MIROC-ESM-CHEM 模型的气候变量所模拟的地下水位在三种全球变暖情景下往往增幅最大。相比之下，与基线情景相比，使用来自 NorESM1-M 模型的气候变量模拟的地下水位显示出最小的变化。虽然幅度不同，但在相同的 GCM/RCP 组合下，不同井的地下水位变化显示出一致的趋势（同时增加或同时减少）。模拟显示，地下水位变化与全球升温水平之间没有确定的关系，但它们确实表明，随着升温水平的升高，地下水位变化的不确定性增加。这可以通过模拟结果标准差值从 1.5℃ 升温到 3℃ 升温逐步增加而得到验证（见图 6-4）。

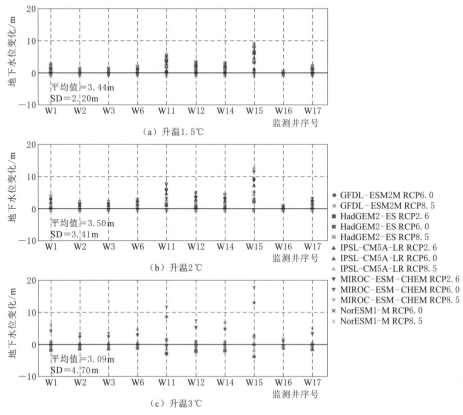

图 6-4　与基线情景相比，三种升温情景下监测井中模拟的地下水位的变化

总体而言，空间分布的地下水位的计算有助于更多地了解地下水资源量对未来气候变化的响应规律，同时，这也为地下水 TTD 的变化提供了依据。地下水位的模拟结果显示了强烈的空间变异性。山区对气候变化的敏感性较高，而低地平原地区对气候变化的敏感性较低。

三、气候变暖对地下 TTD 的影响

Naegelstedt 集水区在 1.5℃、2℃和 3℃升温情景下模拟的 TTD 如图 6－5 所示。图 6－5 显示了集合模拟的 TTD 的概率密度函数（PDF）。其中，图 6－5（a）显示了集合模拟的 TTD 的概率密度函数（PDF）。图 6－5（b）、图 6－5（c）和图 6－5（d）显示了与基线水平相比，未来的气候变暖情景下的平均输移时长（MTT）的相对变化。可以看出，模拟的 PDF 显示出了相当一致的形状，而且所有 GCM/RCP 组合的输移时长最长都达到了数百年。模拟的 PDF 具有的拖尾现象，而此拖尾现象是含水层系统的分层属性造成的。在研究区域的地质分层模型中，一些地质单元呈现非常低的水力传导系数（如 mm2 和 mu2），因此显著减慢了这些层中颗粒的运动速度，造成了小部分的地下水的较长的输移时长。平均输移时长（MTT）指的是地下水系统内所有水的输移时长的质量加权平均值，是表征流域"蓄水－释水"时间尺度的典型指标。在 1.5℃、2℃和 3℃升温情景里，计算得到的 MTT 的集合平均值没有表现出明显的差异（分别为 79.71 年、77.15 年和 81.85 年）。

为了分析未来气候变暖情景下 MTT 的演变趋势，在 1.5℃、2℃和 3℃升温情景下模拟的 MTT 的相对变化如图 6－5 所示。一般来说，与基线场景相比，使用来自 GFDL－ESM2M 和 HadGEM2－ES 气候模型数据的模拟结果往往会得出 MTT 减小的结论。然而，使用来自 IPSL－CM5A－LR 和 MIROC－ESM－CHEM 的气象数据的模拟结果显示出了相反的趋势（也即 MTT 相对于基线水平会增加）。集合模拟的平均值表明，未来一段时间内 MTT 将很可能略微低于历史平均值（尽管少数 GCM/RCP 组合的模拟结果表明 MTT 会增加）。此不确定性是由于使用不同 GCM/RCP 组合预估的补给率的变化而导致的。模拟结果并未显示 TTD 的变化与升温水平的变化之间存在任何系统性的关系，但它们确实表明，随着升温水平的增加，TTD 的预测变化的不确定性会增加。集合模拟的 MTT 标准差值随温度的升高而增加，这进一步验证了上述结论（见图 6－5）。

总体而言，集合模拟的 TTD 的变化揭示了地下水资源对气候变化的响应规律，提供了流域水循环受到气候变暖影响的重要信息。MTT 的模拟结果相比于地下水位的模拟结果显示出了出更大的不确定性。其原因是：预估的地下水补给在不同的 GCM/RCP 组合中具有不同的空间分布模式，并且相对于地下水位，TTD 对地下水补给的空间模式的敏感性更高（见图 6－6）。不同的

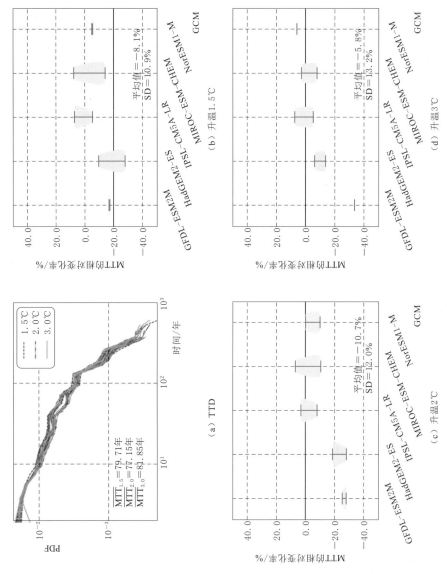

图 6-5 Naegelstedt 流域中模拟的在 1.5℃、2℃和 3℃升温情景下的 TTD

GCM 模拟的地下水补给模式彼此之间非常相似。然而，补给的相对变化率在空间上是非均质的（见图 6 - 6）。这种空间非均质性的原因在于地形和土壤水力参数是非均质的。或者说，地下水补给变化的程度取决于当地的地形、地貌和水力特性。地下水补给的空间分布模式导致 MTT 的变化与地下水位变化之间存在非线性关系。这表明 TTD 对地下水补给的空间模式敏感性更高。

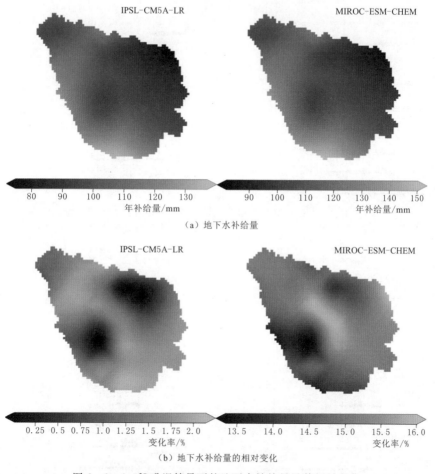

（a）地下水补给量

（b）地下水补给量的相对变化

图 6 - 6　1.5℃升温情景下的地下水补给量及其相对变化

四、地下水模型参数不确定性对模拟结果的影响

在监测井水位观测值的约束下，我们采用蒙特卡洛方法随机生成了 80 个水力传导系数场。本小节展示了使用 80 个不同的水力传导系数场的模拟结果。请注意，这组模拟集合仅仅使用了一个气候情景，这保证了模拟结果仅受不同水力传导系数值的控制。图 6 - 7 显示了使用 80 个不同的水力传导系数场的地

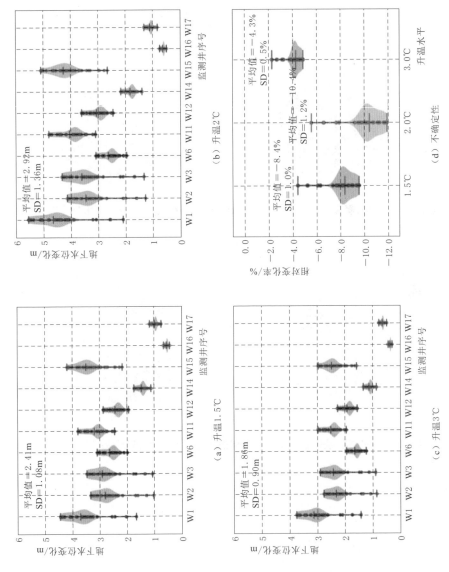

图 6-7　水力传导系数场引起的模拟结果的不确定性

下水位和 MTT 的变化范围。其中，图 6-7 (a)、图 6-7 (b) 和图 6-7 (c) 显示了地下水位的变化，而图 6-7 (d) 显示了使用 80 个不同水力传导系数场的 MTT 的相对变化。由于每个监测井周围的局部地形和水力特性不同，模拟的地下水位和 MTT 的变幅会随着监测井的位置而变化。靠近主干流的井（如 W14 和 W16）比远离主干流的井（如 W1、W3 和 W15）的不确定性更小，而这体现了地下水含水层对气候变化引起的降水变化的缓冲作用。通过比较图 6-4 和图 6-7 中的地下水位的不确定性，我们发现不同的 GCM/RCP 组合引起的不确定性显著大于由水力传导系数引起的不确定性。此外，图 6-4 中地下水位预测的变化率可以是正的，也可以是负（由于所采用的气候模型的不同），而图 6-7 中的地下水位的变化趋势是一致的。同时，水力传导系数场引起的 MTT 的相对变化范围为 $-12.0\%\sim-2.4\%$，这也明显小于与不同气候情景相关的 MTT 变化范围 [见图 6-7 (d)]。这种表明地下水位的预测不确定性主要是由气候模型的不确定性造成的，其次才是水力参数的不确定性。

第五节 本 章 小 结

在本章中，我们通过顺序耦合分布式水文模型 mHM 和地下水模型 OGS，系统地探索了区域地下水流系统对不同全球气候变暖情景的响应规律。集合模拟的结果表明，在德国中部 Naegelstedt 流域的三个升温水平（1.5℃、2℃ 和 3℃）下，地下水补给率可能会适度增加。这与之前的研究结果一致，如 Marx 等（2018）发现在未来气候情景下，该地区的基流预计将略有增加。考虑到地下水排泄是基流的主要组成部分，该结论与本章的结论保持一致。然而，并非所有 35 个 GCM/RCP 组合模拟的结果都一致，有少部分气候模型预测了相反的趋势。在世界的其他地区，如北欧某集水区（Treidel et al.，2012）、美国中部高原（Cornaton，2012）、科罗拉多州上游集水区（Tillman et al.，2016）和 Snake 河流域（Sridhar et al.，2017），研究也发现了地下水补给在未来可能会增加。同时，气候变化可以显著改变地下水补给的季节性模式。

在三个不同的升温水平下，模拟的地下水位也表现出类似的增加趋势，但是随监测井所在的地形和高程的不同而显示出强烈的空间变异性。地下水位的变化对地表水-地下水相互作用至关重要，因为地下水位的增加或减少会改变地下水向河流排泄的模式。在地形复杂、河流密集的地区，地下水位上升可能会激活浅层地下水流动路径并加强浅层局部流动路径（见图 6-8）。这将导致地下水排泄的路径也会发生变化，因为浅层流动路径的激活将导致更强烈的"新水"被优先排泄的趋势（Kaandorp et al.，2018）。此外，地下水位的变化会影响地表水文过程，如蒸散发、土壤含水率和地表径流的产生。

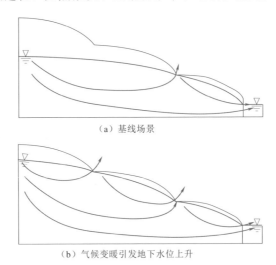

（a）基线场景

（b）气候变暖引发地下水位上升

图 6-8　气候变化引起地下水位上升对区域地下水流动模式的影响

　　气候变化对流域尺度地下水 TTD 的显著影响对水文系统的可持续性至关重要。模拟结果表明，MTT 在三种升温情景下都最有可能略微下降。此现象的原因是：地下水的输移时长直接受补给率的控制。由于此流域的 MTT 的时间尺度长达数十年，因此气候变暖引起的变化会显著影响区域地下水系统的可持续性。地下水 MTT 的下降将显著缩短地下水含水层中非点源污染物（如化肥、有机质和农药颗粒）的滞留时间，并改变含水层系统内污染物浓度的时空分布。鉴于流域内地表水体的溶质浓度与地下水系统的排泄密切相关，未来该地区地表水体（如温斯特鲁特河）的水质也会更快速地响应面源污染源。这一发现与最近的许多研究保持一致。最近的研究也发现了流域中地下水遗留氮库对地表水体氮素浓度的重要作用（Van Meter et al.，2017，2016）。

　　评估未来气候变化对水文系统的影响时，一个重要且不可回避的课题是模拟结果的不确定性。本章的研究表明，在使用不同 GCM/RCP 组合的集合模拟中，由于所采用气候模型的不同，流域内的水文变量（如地下水补给、地下水位和 MTT）的预估结果不仅在绝对值上有变化，而且在符号上有变化。同时还发现气候情景对预测不确定性的贡献大于地下水模型中的水力参数的贡献。值得注意的是，在当前的建模体系内，还存在来自其他来源的不确定性，例如由不同初始条件引起的气候预测不确定性、mHM 模型中的内部参数不确定性和降尺度算法的不确定性。改进气候预测和降尺度算法的精确性，是有效减少全球变暖对区域地下水系统的预测影响不确定性的关键。尽管如此，预测结果不确定性的主要来源很可能来自于使用各种 GCM 和 RCP 组合的气候模型。除上述的气候模型和地下水模型不确定性外，本章未评估其他不确定性来源。这一事实表明，本章中估计的不确定性范围只是一个保守的估计。

本章采用的基于 mHM－OGS 耦合模型的模拟方法不可避免地具有一定局限性。一个潜在的局限性在于 mHM 与 OGS 之间的单向耦合方法。它忽略了由地下水位变化对地表水文过程（如蒸散发和入渗）的反馈。地下水位的变化可以改变流域水平衡状况，而这进一步对地下水位和输移时长时间产生二阶的影响。精度更高的方法是基于理查德方程的混合形式，同时求解非饱和区和饱和区的全耦合流动系统。然而，全耦合的模型始终受到数值稳定性差和计算负荷大的影响，这限制了其在大尺度地表水-地下水耦合模型中的适用性。而且，这种方法引入了额外的参数（如河床的形状、尺寸、导水系数等），这些参数往往在大尺度模型中很难被率定。当前采用的单向耦合法虽然不如双向耦合法准确，但在计算上更快速。值得注意的是，在三维地下水模型中应用的随机行走粒子追踪法需要消耗大量的计算资源。本章的模拟全部采用超级计算机进行，其中使用 8 个内核执行单个模型的计算时间约为 14 天。因此，在以合理的计算资源和较少的计算时间运行大尺度集合模拟的要求下，本章使用的单向耦合方法是一种兼顾计算效率与计算精度的方法。

本章的另一个潜在局限性在于地下水模型的精细分辨率和 mHM 模型的粗糙分辨率之间的矛盾。本章中的 mHM 模型是在 HOKLIM 项目的基础上建立的，而该项目侧重于未来气候情景对欧洲尺度水资源的影响。因此，用于 mHM 模型设置的所有数据库都在欧洲尺度上，它们通常具有很粗的空间分辨率（5km）。尽管 mHM 中自带的参数区域化技术有助于表征亚网格尺度的特性，但如果输入数据的分辨率太粗糙，它并不能精确表征所有亚网格尺度特征。我们注意到，当利用粗分辨率的气象变量驱动基于物理的精细分辨率的地下水模型时，空间分辨率的差异是一个广泛存在的问题。因此，由于数据本身精度的局限性，本章中的模拟结果可以被视为基于当前可用的数据库的一阶近似值。

在本章中，地下水模型的稳态假设对于评估长期气候模式对区域地下水系统的影响是合理的。原因在于：①首先，它减少了计算的负荷；②目前的技术手段无法合理预测未来气候变化情景下的气候季节性波动；③在较长的时间尺度上，降水的季节性对长期的地下水位和 TTD 的影响很小。然而，对于时间尺度较小且降水频率较高的情况，地下水模型的稳态假设可能不成立。流域尺度 TTD 的瞬态行为是地下水水文学的一个热点课题，并已被广泛研究（Remondi et al.，2018a；Jing et al.，2021）。

值得注意的是，本章的研究结果仅适用于德国中部的 Naegelstedt 流域。在欧洲其他地区，全球变暖引起的地下水补给的变化可能与本研究的结论截然不同。例如，一些研究表明，由于预计降水量减少，地中海地区地下水位将很可能下降（Pulido-Velazquez et al.，2015）。此外，研究表明，地中海地区的基流也很可能减少，从而导致地中海地区潜在干旱的风险（Marx et al.，2018；Samaniego et al.，2018）。

我们只考虑气候变暖对区域地下水系统的直接影响（即通过降水变化产生的影响）。需要指出的是，由于灌溉农业的集约化，气候变暖可能引发土地利用类型的变化，而土地利用变化会增强气候和地下水之间的相互作用。在南澳大利亚和美国西南部，许多区域从自然流域转化为了雨养农田，而这会显著改变区域地下水蓄存量（Taylor et al.，2012）。这种影响机制被称为间接影响。本章的研究并未考虑全球变暖对地下水系统的间接影响，尽管这种间接影响可能是威胁全球许多地区当地地下水系统的主要因素（Taylor et al.，2012）。未来的研究中，我们将同时考虑全球变暖对区域地下水系统可持续性的直接影响和间接影响。

总而言之，气候变化可以通过改变补给量来显著改变区域地下水系统的水位和输移时长分布，并且对地下水的资源功能有着长期的影响。采用多组 GCM/RCP 组合的集合模拟结果表明，区域地下水位和 TTD 具有显著的不确定性，而这主要是由气候模型的不确定性引入的，其次是由地下水模型的不确定性引入的。在研究区域，我们发现补给率、地下水位和 TTD 的相对变化与全球升温幅度呈非线性相关关系。然而，这些变化的不确定性随着全球变暖的程度增加而增加，这也可能影响区域地下水系统的管理成本。不确定性分析结果表明，随着升温水平的增加，地下水系统发生极端事件的可能性增加。因此，从地下水资源功能的长期安全性角度出发，将全球性升温幅度控制在 1.5℃并避免 3℃的升温仍然是一个紧急且迫切的任务。

第七章 结 果 讨 论

基于前五章的内容，本章全面讨论了本书的主要发现以及这些发现的意义，同时探讨了 mHM - OGS 耦合模型的价值和局限性。本章进一步分为四节，分别基于前述的研究结果，讨论了水文模型中的过程表征、流域尺度地下水 TTD 的计算、水文模型的不确定性评估和气候对地下水资源的影响。

第一节 模型对水文过程的表征方法探讨

一般来说，在水文和水文地质领域，数值模型的作用主要有两个方面：一方面是有助于了解为什么水文系统以某种观测到的方式表现出来（即探讨机理），另一方面是有助于预测未来水文系统的表现及行为（即预测现象）。此外，结合情景的假设，可以采用数值模型验证水文系统中假设的可靠性（Anderson et al.，2002）。

本书介绍了作者参与开发的地表水-地下水耦合模型 mHM - OGS，并测试了其在实际流域中的适用性和精确度。通过模型耦合，mHM 模型的集总式地下水蓄水库被 OGS 中的基于物理的地下水蓄水库所代替，因此可以显式表征地下介质的非均质性和流动路径。这项工作阐明了一种改进概念化的水文模型（例如 mHM）的地下水流过程刻画的方法。在过去的几十年里，水文模型已经慢慢地由简单的集总式模型开始，朝着复杂的基于物理过程的模型而演化。计算能力和数值离散化方法的快速发展使模型能够实现大尺度（例如大陆尺度到全球尺度）和高分辨率的水文过程表征（Samaniego et al.，2018；De Graaf et al.，2015）。然而，如何将不断增长的计算能力与对复杂水文系统的不完整和简化的理解有效地结合起来，仍然是一个巨大的挑战。

在模型验证期（1975—2005 年），mHM - OGS 耦合模型模拟的地下水位时间序列和观测值之间的匹配度非常好。mHM 本身的线性地下水库模型无法再现地下水位的季节性变化，并且在估计基流时也显示出较低的准确性。在年降水量约为 660mm 的 Naegelstedt 流域，地表水-地下水耦合模型相比于传统的概念化水文模型具有非常大的优势。原因在于在这个相对潮湿的地区，地表水与地下水的交换过程非常重要且频繁。在其他的情景中，地表水-地下水耦合模型也非常重要，包括了：①地下水开采显著影响地表水流动的区域；②河流网络较发达，地表水体与地下水系统密切相关的湿地区域。地表水-地下水耦合模型还可以为水资源管理及相应的决策过程提供参考。此外，仅仅通过拟合观测的径流量时间序列而校准模型的方法是不够的，它不足以验证地表水-地下水耦合模型的有效性。更精确的方法是根据各种不同的观测来源和数据同化技术，仔细评估耦合模型表征地表水和地下水交换过程的能力。这些观测数据包括了土壤湿度、蒸散发量、积雪深度和示踪剂浓度等。

基于物理的水文模型为地表水-地下水流动过程耦合建模提供了新的机会。流域一体化建模（integrated catchment modeling）能够更好地表征不同蓄水库之间的相互作用，例如跨地表的交换和跨河床的相互作用。然而，目前的地表水-地下水耦合建模技术仍未成熟，仍有许多未解决的问题需要解决。首先，基于物理的水文模型难以全面表示地表水-地下水相互作用的所有复杂的时空特征。在山坡或集水区尺度上，地表流通常被简化为发生在代表地形的二维平面上，而地下水流通常假设为在三维多孔介质中的流动。地表水-地下水的交换量必须在由数字高程模型（DEM）表示的假想界面处发生，而这只是一个近似的表征。其次，地表水-地下水全耦合问题的计算量非常大，并且经常由于偏微分方程系统的离散化和强烈的非线性引起数值振荡和收敛性差的问题。这大大限制了全耦合模型在复杂的大尺度实际流域的应用。最后，在流域尺度上，如何在流域尺度模型的较粗的网格尺寸中刻画亚网格尺度的地形、几何和水力特征，并保证参数取值能够代表现实情况，仍然是一个难以解决的问题。而本书中的 mHM-OGS 耦合模型的一大亮点是：mHM 中独有的多尺度参数区域化方法可以在一定程度上解决这个问题。

相比于 mHM-OGS，虽然一些高度基于物理的水文模型（如 MIKE-SHE 等）在物理过程的表征上更完备，但它们需要大量的参数（很多是无法获得的）和数据来支持模型的设定。建立和校准这些模型非常耗时。相对来说，mHM-OGS 耦合模型更容易被建立，且计算效率高。或者说，mHM-OGS 模型在水文（地质）过程的表征中力求达到准确性和效率之间的平衡。然而，理论的严谨性和实际应用的困难之间的矛盾，成为了所有地表水-地下水耦合模型获得广泛应用的障碍。因此，研究由水文循环的各个组成部分（地表水、土壤水、地下水等）组成的复杂水文系统是大势所趋。如何更好地适应更广泛的差异化建模目标，对于地表水-地下水耦合模型的开发至关重要。此外，跨时空尺度的耦合、非饱和带土壤水分运动的机制、参数的不确定性、河流与地下水的动力相互作用机制等都与该课题高度相关，亟须进一步的研究。

第二节　流域尺度的地下水 TTD 计算

本书介绍了如何应用 mHM－OGS 耦合模型和随机行走粒子追踪法来计算流域尺度地下水的 TTD。表征输移时长对于地下水文系统的水质评估和水资源管理具有重要意义。输移时长（即通过时间、年龄）表示水分或溶质在流域中的寿命，即从其进入所在区域开始到其从出口处的排泄出去的时间间隔。输移时长分布（TTD）是表征水文系统中蓄水、混合和运移过程的集总式表达。

第五章的主要发现之一在于：虽然计算成本很高，但随机行走粒子追踪法可以更准确地将 TTD 的形状与介质非均质性联系起来，也即可以更好地揭示 TTD 的形状的形成机理。这是粒子追踪模型相对于解析模型的明显优势。由于计算效率高，简单的解析模型（例如指数模型）也能够产生与粒子追踪模型相同数量级的 MTT 的预测。具体而言，如果有足够的地质数据来构建详细的三维水文地质模型，则粒子追踪模型明显优于解析模型。相反地，对于数据较缺乏，水文地质条件不明确的区域，解析模型可以用来估算 MTT 的时间尺度（尽管可靠性相对较低）。值得注意的是，相对于山区，指数模型更适合应用于平原地区，因为使用指数模型的前提是地下水流大致满足裘布依假设。正如第五章中的案例研究所示，对于案例研究中的中尺度流域，两种方法之间的差异可能为 20%～48%。

由于历史的原因，地表水文学和地下水文学往往被看作两个相对独立的研究领域，各自具有其独特的研究团队和研究方法。第四章和第五章的理论成功地将这两个相对独立的领域有机联系起来。在地表水文学领域，大多数与 TTD 相关的研究都集中在水文过程的瞬态特性上，旨在揭示瞬态 TTD 及其与滞留时间分布的联系，并揭示集水区溶质排放的季节性。由于地表水通量对外部气候变量的响应更快速，地表水的 TTD 表现出了很强的时间变异性。而流域水文学家通常使用一个或多个不同 TTD 解析模型的组合来表示空间变异性。这些解析模型参数较少，且通常基于一些理想化的假设。相反，在地下水领域，水文地质学家通常更关注空间非均质性，而不是时间变异性。这是由于深层地下水库对外部气象变量的响应相对缓慢且滞后，地下水排泄对地下水库蓄水量变化的响应时间长，地下水的流动和运移过程不像地表水那样动态。通过 mHM 和 OGS 的耦合，可以在某种程度上解决同时表征地表水文过程和地下水文过程的矛盾。

估算地下水 TTD 的目的是确定地下水库中水样的年龄。在本书中，水样是 RWPT 方法中的虚拟的粒子。这个年龄反过来又代表了含水层中相应位置的地下水年龄，我们最终可以利用这个年龄信息进行相关研究。作为输移时长的概率密度分布函数，TTD 里面的地下水样本是无数水颗粒的集合，这些水颗粒往往是由不同地点、来源和时间的水颗粒混合而成的。这些地下水颗粒的年龄可能彼此相差很大，甚至在不同的数量级上，而地下水 MTT 的结果只是对高度离散的输移时长的集总式描述。因此，地下水的 MTT 仅具有统计意义。水文学家 Kirchner（2016）建议采用新水比例（Young water fraction）作为流域内水龄的集总式指标。相对于 MTT，新水比例的优势在于它可以避免由流域水文特性的非均质性引起的聚合误差（aggregation error）。

本书中提出的采用地表水-地下水耦合模型和粒子追踪法计算 TTD 的方法，对流域尺度地下水年龄的研究具有重要意义。它是对传统同位素方法的有力补充。地下水测年在水文地质学中起着至关重要的作用。由于地下水流动和运移过程受区域内的水文地质条件、地球化学反应和人类活动等因素的控制，因此输移时长的时空格局非常复杂。地下水年龄受到地下水流动和运移的复杂过程中所反映的各种水文地质、水动力和水文地球化学信息的强烈控制。因此，地下水 TTD 计算的可靠性及其在现实世界中的适用性受到这一复杂过程的影响和约束。由于流域尺度水文地质信息的稀缺性，所计算的 TTD 也具有一定的不确定性。

当前计算方法的一个局限性是简化了人类活动对地下水 TTD 的影响。在计算未来不同升温情景下地下水 TTD 的响应规律时（见第六章内容），尚未考虑随着人类活动的变化而变化的抽水率对地下水资源的影响。地下水开采量将改变地下水年龄与流场之间的对应关系，并最终导致地下水 TTD 建模的复杂性增加。人类活动对地下水资源影响的深度和强度达到了前所未有的水平（Taylor et al.，2012）。这些活动打破了地下水多年来的自然水动力状态，促进了不同来源、不同地点、不同时代的地下水的混合，甚至导致了整个地下水流场的系统性变化。虽然地下水 TTD 可用于反演这些过程的演化，但在水文和地形条件极其复杂的情况下，反演结果的准确性和可靠性仍然需要仔细评估和检验。

第三节　水文模型的不确定性评估

根据 Doherty（2010）的定义，模型的"校准"指的是寻找参数集的值直到模型输出和测量值之间的残差最小化的过程。传统的校准过程基于参数的唯一性假设，也即存在校准后的参数被认为唯一的最优参数。校准后可以通过最小化目标函数找到一组最佳的拟合参数值。从数学上讲，找到一个与观测数据最匹配的参数值比找到一个在可接受范围内的参数值分布要容易得多，计算上也更简单。基于这个原因，大多数实际应用的水文模型都是寻求一组单一的最优参数集。

　　然而，单个最佳拟合参数集不等同于现实世界中的"真实"参数集，其原因如下：①数值模型不能完美地反映现实。数值模型不可避免地存在对现实过程的简化，而随着模型结构误差程度的不同，最佳拟合参数可能与真实参数略有偏差或偏差很大。②由于测量误差，水文变量的观测值可能不准确。假设数值模型可以完美地复现现实，但是测量值存在缺陷，则通过校准得出的拟合值也将偏离现实。③反演过程中零空间（null space）的存在（见图 7-1）。在图 7-1 中，k 表示真实参数集，$\bar{k}$ 表示真实参数集在解空间中的投影。在反演参数不唯一的情况下（即某些参数对观测值不敏感），许多参数集都可以很好地与观测值拟合，但只有其中一个是"真实"参数集。由于这些原因，预测不确定性的概率分布大于该预测的后验预测概率分布（Doherty，2010）。

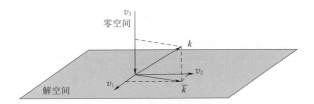

图 7-1　模型反演的参数空间

　　因此，第五章和第六章中的案例研究致力于寻找与观测值和现实都兼容的参数值的概率密度分布。此外，还考虑了输入数据（如地下水补给）的不确定性，从而综合评估不同来源的不确定性对模拟结果不确定性的贡献。本书进一步量化了校准后参数的不确定性对模型预测结果的影响。尽管需要多达 400 个参数集实现的集合来构成 MTT 的概率密度分布，但与单一的最佳拟合参数相比，它们提供了更多水文地质参数非均质性的信息。这种方法在传统的模型校准基础上，考虑了观测值约束下模型输出的不确定性，对提高数值模型的适用性具有重要意义。

　　一个确定的现实是：水文建模无法提供完全符合实际的预测，只能提供一个可信的范围。但是，如果使用得当并结合有用信息，水文模型可以最大限度地减少我们在预测未来流域水文过程时出错的可能性。该信息包括了水文（水文地质）的专业知识、流域水文过程的长时观测以及水文系统的空间分布式测量。研究人员可以使用数学建模来量化基于这些信息并经过校准后仍然存在的潜在误差。这种量化对于风险评估至关重要，而风险评估又对决策至关重要。

　　本书中的不确定性分析方法也存在一定的局限性。首先，本书中尚未明确评估模型结构的不确定性。为了建立在有限的数据量下求解的数学表达式，数值模型简化了一些实际的水文地质条件。例如，研究中的含水层系统被假设为分层含水层，每层的水文地质性质是均质的。此假设可能引发一定的模型结构误差，该误差隐含在校准后参数的不确定性中，但无法在当前方法里被量化。其次，计算产生的数值误差（如模型求解过程中数值方法的截断误差、数值波动、不稳定性等）并未被考虑，而这也会造成数值解更大的不确定性。第三，尚未评估其他输入数据来源的不确定性的影响。输入数据的准确性在一定程度上影响水文过程的模拟结果。随着分布式水文模型的发展和人类活动对水文过程的影响越来越大，输入数据的类型正在扩展到更广泛的范围。除了典型的降水输入数据外，水文模型（例如 mHM）还使用了其他数据，包括温度、土壤类型、植被类型、地质特征以及人类活动（例如地下水开采量）的相关数据。在使用不确定性方法定量描述输入数据的不确定性的同时，雷达、地理信息系统、无人机监测数据等新数据源也有助于减少输入数据中的误差。

第四节　气候变化对区域水资源的影响

全球变暖可能通过直接增加地表水和土壤水的蒸散量来影响水循环（Schewe et al.，2014）。同时，气候变化会影响降水频率、时间和强度，并对近地表蓄水库和深层地下水库的水流和运移过程产生二阶影响。虽然气候变化通过改变气象变量和水文通量（例如降水、温度和蒸散量）对浅层地表水资源有直接影响，但它对深层地下水库的影响更为复杂且具有滞后性，需要更多的调查研究。

相应地，在第六章中，我们尝试整合几种模型，包括气象模型集合、分布式水文模型 mHM 和基于物理的地下水模型 OGS，用于调查气候变化对区域地下水量和 TTD 的影响。模拟结果表明，随着升温幅度、气候模型和温室气体排放情景的不同，地下水资源也对气候变化具有不同程度的敏感性。这项研究强调了部署多组气候模型和 RCP 集合的必要性，因为这样可以覆盖更广泛的不确定性来源。此外，还迫切需要对气候模型进行验证，以减少由气候预测引发的水文预测不确定性。由于可以明确地表示流域的地形、几何形状和地质特性，三维地下水模型为评估不同升温水平下的 TTD 提供了一个通用平台。值得注意的是，预测结果不确定性的最大来源来自气候模型对降水的预测。第六章的研究还指出，未来气候变化情景下水文模拟的精确性和可靠性主要受气候不确定性的制约。不同气候模式的相互比较与交叉验证至关重要，且与模拟结果的可靠性和可信度高度相关，需要在未来的研究中被高度重视。因此，气候模型预测能力的改进将显著提高基于 mHM - OGS 的模拟方法在应对气候变化方面的可信度，从而显著提高当前建模方法的适用性。

第六章中的集合模拟表明，在升温的前提下地下水补给和地下水位可能会增加，而 MTT 很有可能下降。这一发现揭示了在水资源量和输移时长方面流域尺度的地下水含水层对气候变化的长期响应规律。然而，这些预测的变化幅度和趋势都存在相当大的不确定性。正如在第六章中已经指出的那样，气候变化对地下水补给的预期影响存在重大不确定性。由于地下水库的输移时长很长（几十年），模拟的地下水位和 TTD 的变化对于水资源的长期可持续利用至关重要。为进一步增强预测结果的可靠性，未来迫切需要在气候模型中明确表示地表水通量与地下水之间的互馈机制以及人为干扰的作用，以更可靠地表示全球变暖对区域地下水资源的影响机制。

第六章中所采用的模拟方法的一个潜在限制在于只使用了一个分布式水文模型（即 mHM）。相关研究表明，水文模型的选择也可能影响模拟结果，因为不同的水文模型对水文过程的表征不同（Thober et al.，2018）。尽管使用不同的水文模型的集合会显著增加计算成本，但在下一步的研究中，仍然强烈建议部署几个水文模型的集合，以更好地估计预测结果的不确定性。

受气候变化和人类活动的影响，土地利用条件必然会发生变化并影响未来的水资源。因此，有必要结合未来土地利用趋势，研究全球变化对区域水资源的影响。本章仅关注全球变暖对水资源的直接影响，而忽略了土地利用变化对未来水资源的影响。目前，已有相关的研究开始考虑土地利用的变化对未来水资源的影响（Leung et al.，2011；Treidel et al.，2012；Samaniego et al.，2018）。对于未来的研究，强烈建议同时考虑对气候变化和土地利用变化的作用。

第八章 结论和展望

第一节 结 论

本书通过对 mHM 和 OGS 的模型介绍、mHM-OGS 耦合模型的开发介绍和两个案例研究，在水文学和水文地质学的几个关键方面提出了独到的见解，包括了地表水和地下水流动过程的耦合、集水区 TTD 的表征、气候对地下水资源的影响评估以及水文建模的不确定性量化。根据前几章的模拟结果和第七章的讨论，本书得出了一些可靠的结论。下面逐条列出一般性结论。

（1）由于分布式水文模型和基于物理的地下水模型的模型架构、过程表征和参数化方法都存在很大差异，如何将两者耦合并兼顾计算效率和精度，仍然是一个巨大挑战。本书介绍了一种将 mHM 和 OGS 的耦合的方法，成功地将具有不同过程表征和结构的两个不同模型联系起来。耦合后的 mHM-OGS 耦合模型提供了地下水流动和运移过程的基于物理的表征，这是原始的、概念化的 mHM 模型所缺乏的。mHM-OGS 耦合模型对于跨越地表水文学和水文地质学学科边界的集水区一体化建模具有重要意义。

mHM 模型是一个概念化水文模型，且使用相对简单的常微分方程来表示复杂的非线性地表水文过程。其独有的完善的参数化方法（即 MPR 方法）使 mHM 能够处理精细的地形、几何和水力特征，从而增强其再现地表水通量和水文状态的能力。然而，mHM 内固有的线性地下水库模型无法表征复杂的地下水流动和运移过程。另外，OGS 建立在有限元方法之上，能够明确地模拟非均质的多孔介质中的饱和-非饱和地下水流过程。本书的模型开发研究致力于弥合在各自领域单独开发的两个模型之间的差距。通过模型耦合，增强了 mHM 在模拟地下水流过程方面的能力，同时完全保留了两个模型的原始特性和优点。通过在德国中部农业区盆地 Naegelstedt 中的应用，验证了 mHM-OGS 耦合模型在模拟区域地下水系统中的适用性和精确性。模拟结果表明，耦合模型可以较好地再现径流和地下水位的时间序列，并较精确地预测径流量和地下水位。

（2）mHM-OGS 耦合模型已成功地应用于计算流域尺度的地下水 TTD。通过将其与随机行走粒子追踪法的结合，它可以成为计算流域尺度 TTD 的有力数学工具。

mHM‒OGS 耦合模型还能够采用三维含水层模型来模拟溶质运移过程。通过结合数值模型 mHM‒OGS、随机行走粒子追踪算法和 SAS 函数，形成了一套 TTD 计算和分析体系，可以直接计算 TTD 和 SAS 函数，而无需预先假设 TTD 的形状。尽管计算成本较高，但该方法可以明确表征非均质的地形、几何和水力特征及其对区域地下水输移时长的综合影响，因此它可以显式地表示非均质地下水系统的水文过程和水文状态（例如优先流动路径）。

地下水 TTD 有助于了解地下水运动和面源污染过程。在 Naegelstedt 流域，集合模拟的结果表明平均输移时长主要受地下水补给率和补给模式控制，其次受校准后的水力传导系数场控制。流域尺度的 TTD 和 SAS 函数都受到补给的空间模式的强烈控制。因此，补给的空间模式对于估算地下水的 TTD 至关重要。作为量化流域"蓄水‒释水"和溶质瞬态运移行为的前沿技术，SAS 函数框架已被成功应用于解释示踪剂实验的结果（Benettin et al.，2015a）。与以往的研究不同的是，本书表明 SAS 函数的框架也可用于解释数值模型的结果。本书提出的 TTD 模拟框架可被推广至全球其他流域，以研究气候变化对地下水资源的影响机理。

（3）气候变暖对德国中部 Naegelstedt 集水区的地下水资源有很大的影响。本书利用 mHM‒OGS 耦合模型进行了数值模拟，揭示了气候变暖对地下水资源影响，并量化了其不确定性。模拟结果为气候变化下的未来水资源管理提供了理论支持。

当前使用的基于 mHM‒OGS 的建模流程涵盖了地表水文过程和地下水动力过程，可以用于评估气候变化对区域水资源的影响。此方法可被归类为"大气水‒土壤水‒地表水‒地下水"链式建模方法，类似的方法也已用于其他的一些研究（Engdahl et al.，2015；Scibek et al.，2007）。由于模型预测的补给量具有高度不确定性，因此需要对模拟结果进行仔细评估以适应未来的全球变化。气候预测的高度不确定性以及降水和土地利用的相应变化导致了未来地下水资源响应的不确定性。

（4）气候预测、补给估算和模型参数的不确定性限制了模型结果的准确性和可靠性。强烈建议在流域尺度水文建模工作中对不同来源的不确定性进行综合评估，而非采用传统的单一最佳拟合参数。

在本书中，基于零空间蒙特卡洛方法的不确定性分析被用于量化水文模型的输入数据、参数和结构的不确定性。它可以保证模拟的地下水位和 TTD 约束在观测值限定的误差范围内。校准后参数的不确定性表明校准过程不能保证最佳拟合参数值是真实的参数值。此外，零空间蒙特卡洛方法在量化校准后的不确定性方面很有前景。本书为水文模型的不确定性评估提供了重要的原创性见解。

第二节 展 望

本书重点研究了三个水文学领域的重要问题：①模型耦合，通过 mHM 和 OGS 的耦合以更好地表征陆地水文循环；②输移时长分布，使用耦合模型对 TTD 进行了预测和不确定性评估；③气候变化，在未来气候情景下评估了区域地下水系统的响应。本书中的模型开发和案例研究对未来相关领域的工作具有重要意义。

本书提出了将 mHM 与 OGS 通过数据传输界面的单向耦合方法。此方法的重点是改进 mHM 对地下水库的"蓄水-释水"机理刻画能力不足的缺点，从而更好地模拟地下水动力学过程。因此，此方法并未考虑地表水和地下水头变化之间的高阶相互作用。值得指出的是，如果考虑地表水和地下水头变化之间的高阶相互作用，则需要同时修改 mHM 和 OGS 的方程系统，并实现不同时间步长的双向实时数据传输和交换。由于 mHM 的时间步长为每小时或每天，OGS 为每星期或每月。mHM 采用结构化水文单元，OGS 采用非结构化有限元网格。所以，数据插值算法是保证双向耦合精度的最重要环节。因此需要将 OGS 模拟的地下水头和土壤含水率变化实时插值并反馈给 mHM。由于 mHM 采用 Fortran 2008 编写，OGS 采用 C++编写，而且两者对水文过程的刻画方法差异过大，此工作需要大量的代码编写工作，并非在短时间内可以完成。而作者能力有限，目前仅仅对 OGS 的代码进行了修改，实现了单向耦合。通过本书介绍的单向耦合方法，用户可以较方便地扩展 mHM 的功能到地下水文过程，而不会影响 mHM 已知的经过验证的功能。在下一步中，我们将致力于开发下一个版本的耦合模型，也即实现完整的全耦合。当前耦合方法的主要局限性是无法明确考虑浅层地下水位变化对土壤水动力学（如降水分配、土壤含水率和蒸散发）的影响。然而，地表水流和地下水流之间的交换通量可以通过全耦合方案得到有效解决。为了实施全耦合方案，mHM 中的原始地下水库（即 mHM 中最深的蓄水层）应完全被基于物理的地下水蓄水库取代。更重要的是，mHM 中原有的水文变量、水文状态和产汇流关系也将同时被修改。

此外，第五章中进行的数值实验是基于稳态假设，因此没有考虑地下水输移时长的时间变异性。鉴于第五章内容旨在探讨气候变量和水文地质性质在 TTD 预测中的作用，因此这个假设是合理的。然而，为了更好地理解流域"蓄水-释水"动态过程及溶质的"流量-浓度"关系，需要建立瞬态地下水模型和随时间变化的动态 SAS 函数。值得一提的是，本书作者参与的一项研究（Jing et al.，2021）成功地通过 mHM-OGS 耦合模型研究了流域的瞬态

TTD，并对比了土壤水和地下水 TTD 的不同时空特征。此外，气候和地下水之间的相互作用可以通过土地利用的变化而改变，此作用被定义为气候变化对地下水资源的间接作用。本书尚未关注全球变化对区域地下水循环的这种间接影响。此间接影响应该在未来的研究中引起更多关注。

本书所的不确定性分析框架采用的是 PEST 软件包中的零空间蒙特卡洛（NSMC）方法。NSMC 方法可以用于快速生成满足观测值约束和校准过程约束的参数场，提供了一个强大的不确定性分析框架，以便进行后续的不确定性分析。与贝叶斯框架相比，该方法计算效率高且相对容易实现。基于这些原因，这里使用 NSMC 方法来有效地生成 400 个三维水力传导系数场的集合，用于后续的粒子追踪计算。

然而，贝叶斯方法具有一些优于 NSMC 方法的优点，因为它提供了基于概率论的反演过程的完整数学描述。在下一步的研究中，我们计划采用贝叶斯反演来刻画参数集的后验概率分布。这样做可以显著提高不确定性分析的可靠性和可解释性。先验概率分布是贝叶斯理论的一个关键概念。但是，无论是水文频率分析中的参数分布，还是水文地质参数的分布，在实际应用中计算先验概率分布时，先验分布的估计仍然非常具有挑战性。大多数研究通常使用均匀分布而不是贝叶斯理论的先验信息分布来简化先验分布。在水文建模中应用贝叶斯理论时，需要强调这一局限性。

同时，为提高地下水资源评价结果的可靠性，在今后的研究中，强烈建议增强以下几方面的调研。首先，关于目标区域水文地质条件的现场数据至关重要。这有助于掌握研究区域的地下水赋存条件、水流条件和边界条件，建立正确的水文地质概念模型和相应的数学模型。这样做也可以最小化模型中的结构误差。其次，要有足够的水文地质条件（如地下水头）观测点，使水文地质参数具有代表性和可控性。第三，如有必要，必须补充一些现场调研工作，以准确计算模型源汇项中的参数，包括了地下水补给率、水力传导系数及河床处的渗漏系数。建模人员首先应是一个具有丰富水文调查实践经验的研究人员，而不应该仅仅局限于数学模拟。本书通过对地下水资源评价中不确定性来源贡献的定量研究，可以从不确定性来源中选取主要来源，为地下水资源开发和利用决策的风险分析奠定基础。

随着新的开源数据库的出现，本书使用的方法可以扩展到更大尺度（大陆尺度或全球尺度）的应用当中。当前可用的全球尺度数据库包括了 GRACE 卫星数据库、联合国教科文组织（UNESCO）水文地质图和全球径流数据中心（GRDC）等。这些数据库允许水文学家在全球尺度建立具有足够模拟精度的水文模型（De Graaf et al.，2015；Schewe et al.，2014）。结合这些数据库，mHM - OGS 耦合模型也可以被扩展到更大尺度。基于 mHM 本身处理跨尺度、多分辨率数据集的能力（见第三章第一节），mHM－OGS 耦合模型能够读取具有不同空间和时间分辨率的数据，同时保证了较高的计算效率。该模型的另一个优势是：mHM 可以同化各种数据源（例如遥感数据）以进行模型验证，而这在 Zink 等（2018）的文章中已经得到了证实。全球水文模型可以为全球尺度地下水资源管理提供重要的见解和科学指导。同时，大多数现有的全球水文模型重点关注河川径流的产生过程，而没有包含地下水动力学过程。很少有全球水文模型考虑了地下水动力学过程。未来，我们将使用多个全球数据库，并采用多源观测数据，力争将 mHM－OGS 耦合模型应用于更大尺度的研究中。

希望水文学和水文地质学的从业者可以从本书提供的耦合模型及案例研究中获益。尽管 mHM 和 OGS 模型已经在国内获得了一定的应用，但由于其专业性较强，入门门槛较高，其在国内的用户群体还较小。希望 mHM 和 OGS 模型在国内水文领域可以获得更多的应用，并期待 mHM 和 OGS 模型为中国的区域水文管理和决策做出贡献。

参 考 文 献

谢正辉，刘谦，袁飞，等，2004. 基于全国 50km×50km 网格的大尺度陆面水文模型框架 [J]. 水利学报 (5)：76-82.

ABDUL A S, GILLHAM R W, 1984. Laboratory studies of the effects of the capillary finge on streamflow generation [J]. Water Resource Research, 20 (6)：691-698.

AJAMI H, MCCABE M F, EVANS J P, et al. , 2014. Assessing the impact ofmodel spin-up on surface water-groundwater interactions using an integrated hydrologic model [J/OL]. Water Resources Research, 50：1-21. https：//doi. org/10. 1002/2013WR014258. Received.

AMELI A A, AMVROSIADI N, GRABS T, et al. , 2016. Hillslope permeability architecture controls on subsurface transit time distribution and flow paths [J/OL]. Journal of Hydrology, 543：17-30. https：//doi. org/10. 1016/j. jhydrol. 2016. 04. 071.

ANDERSON M G, BATES P D, 2001. Model Validation-Perspectives in Hydrological Science [M]. United Kingdom：John Wiley & Sons, Ltd.

ANDERSON M P, WOESSNER W W, HUNT R J, 2015a. Chapter 2-Modeling Purpose and Conceptual Model [M/OL] //ANDERSON M P, WOESSNER W W, HUNT R J. Applied Groundwater Modeling (Second Edition) . Second Edi. San Diego：Academic Press：27-67. https：//doi. org/https：//doi. org/10. 1016/B978-0-08-091638-5. 00002-X.

ANDERSON M P, WOESSNER W W, HUNT R J, 2015b. Introduction [M/OL] //ANDERSON M P, WOESSNER W W, HUNT R J. Applied Groundwater Modeling (Second Edition) . Second Edi. San Diego：Academic Press：1. https：//doi. org/https：//doi. org/10. 1016/B978-0-08-091638-5. 00013-4.

ANDERSON P, WOESSNER W, HUNT J, 2002. Applied Groundwater Modeling [M/OL] //Applied Groundwater Modeling. https：//doi. org/10. 1016/B978-0-08-088694-7. 50009-2.

BASU N B, JINDAL P, SCHILLING K E, et al. , 2012. Evaluation of analytical and numerical approaches for the estimation of groundwater travel time distribution [J/OL]. Journal of Hydrology, 475：65-73. https：//doi. org/10. 1016/j. jhydrol. 2012. 08. 052.

BENETTIN P, KIRCHNER J W, RINALDO A, et al. , 2015a. Modeling chloride transport using travel time distributions at Plynlimon, Wales [J/OL]. Water Resources Research, 51 (5)：3259-3276. https：//doi. org/10. 1002/2014WR016600.

BENETTIN P, KIRCHNER J W, RINALDO A, et al. , 2015b. Modeling chloride transport using travel time distributions at Plynlimon, Wales [J/OL]. Water Resources Research, 51 (5)：3259-3276. https：//doi. org/10. 1002/2014WR016600.

BENSON D A, AQUINO T, BOLSTER D, et al. , 2017. A comparison of Eulerian and Lagrangian transport and non-linear reaction algorithms [J/OL]. Advances in Water Resources, 99：15-37. https：//doi. org/10. 1016/j. advwatres. 2016. 11. 003.

BERGHUIJS W R, KIRCHNER J W, 2017. The relationship between contrasting ages of groundwater and streamflow [J/OL]. Geophysical Research Letters, 44 (17): 8925 – 8935. https: //doi. org/10. 1002/2017GL074962.

BEVEN K, 1989. Interflow [M/OL] //Unsaturated Flow in Hydrologic Modeling: Theory and Practice. Dordrecht: Springer Netherlands: 191 – 219. https: //doi. org/10. 1007/978 – 94 – 009 – 2352 – 2 _ 7.

BREDEHOEFT J, 2005. The conceptualization model problem – Surprise [J/OL]. Hydrogeology Journal, 13 (1): 37 – 46. https: //doi. org/10. 1007/s10040 – 004 – 0430 – 5.

BREDEHOEFT J, 2012. Modeling Groundwater Flow – The Beginnings [J/OL]. Ground Water, 50 (3): 325 – 329. https: //doi. org/10. 1111/j. 1745 – 6584. 2012. 00940. x.

CAMPORESE M, PANICONI C, PUTTI M, et al., 2010. Surface – subsurface flow modeling with path – based runoff routing, boundary condition – based coupling, and assimilation of multisource observation data [J]. Water Resources Research, 46 (2): W02512.

CARTWRIGHT I, MORGENSTERN U, 2015. Transit times from rainfall to baseflow in headwater catchments estimated using tritium: The Ovens River, Australia [J/OL]. Hydrology and Earth System Sciences, 12 (6): 5427 – 5463. https: //doi. org/10. 5194/hessd – 12 – 5427 – 2015.

CLARK M P, FAN Y, LAWRENCE D M, et al., 2015. Improving the representation of hydrologic processes in Earth System Models [J/OL]. Water Resources Research, 51 (8): 5929 – 5956. https: //doi. org/10. 1002/2015WR017096.

CORNATON F J, 2012. Transient water age distributions in environmental flow systems: The time – marching Laplace transform solution technique [J/OL]. Water Resources Research, 48 (3): 1 – 17. https: //doi. org/10. 1029/2011WR010606.

CROSBIE R S, SCANLON B R, MPELASOKA F S, et al., 2013. Potential climate change effects on groundwater recharge in the High Plains Aquifer, USA [J/OL]. Water Resources Research, 49 (7): 3936 – 3951. https: //doi. org/10. 1002/wrcr. 20292.

DANESH – YAZDI M, KLAUS J, CONDON L E, et al., 2018. Bridging the gap between numerical solutions of travel time distributions and analytical storage selection functions [J/OL]. Hydrological Processes, 32 (8): 1063 – 1076. https: //doi. org/10. 1002/hyp. 11481.

DE GRAAF I E M, SUTANUDJAJA E H, VAN BEEK L P H, et al., 2015. A high – resolution global – scale groundwater model [J/OL]. Hydrology and Earth System Sciences, 19 (2): 823 – 837. https: //doi. org/10. 5194/hess – 19 – 823 – 2015.

DE LANGE W J, PRINSEN G F, HOOGEWOUD J C, et al., 2014. An operational, multi – scale, multi – model system for consensus – based, integrated water management and policy analysis: The Netherlands Hydrological Instrument [J/OL]. Environmental Modelling & Software, 59: 98 – 108. https: //doi. org/https: //doi. org/10. 1016/j. envsoft. 2014. 05. 009.

DE MARSILY G, DELAY F, GONÇALVÈS J, et al., 2005. Dealing with spatial heterogeneity [J/OL]. Hydrogeology Journal, 13 (1): 161 – 183. https: //doi. org/10. 1007/s10040 – 004 – 0432 – 3.

DE ROOIJ R, GRAHAM W, MAXWELL R M, 2013. A particle – tracking scheme for simu-

lating pathlines in coupled surface – subsurface flows [J/OL]. Advances in Water Resources, 52: 7 – 18. https://doi.org/10.1016/j.advwatres.2012.07.022.

DELFS J O, BLUMENSAAT F, WANG W, et al. , 2012. Coupling hydrogeological with surface runoff model in a Poltva case study in Western Ukraine [J/OL]. Environmental Earth Sciences, 65 (5): 1439 – 1457. https://doi.org/10.1007/s12665 – 011 – 1285 – 4.

DOHERTY J, 2010. Methodologies and software for PEST – based model predictive uncertainty analysis [R] //Watermark Numerical Computing.

DOHERTY J, 2015. Calibration and Uncertainty Analysis for Complex Environmental Models [M]. Bribane, Australia.

DOHERTY J, HUNT R, 2010. Approaches to highly parameterized inversion: a guide to using PEST for groundwater – model calibration [J/OL]. U. S. Geological Survey Scientific Investigations Report 2010 – 5169: 70. https://doi.org/2010 – 5211.

DÖLL P, HOFFMANN – DOBREV H, PORTMANN F T, et al. , 2012. Impact of water withdrawals from groundwater and surface water on continental water storage variations [J/OL] . Journal of Geodynamics, 59 – 60: 143 – 156. https://doi.org/10.1016/j.jog.2011.05.001.

DREISS S J, 1989. Regional scale transport in a Karst Aquifer: 2. Linear systems and time moment analysis [J/OL]. Water Resources Research, 25 (1): 126 – 134. https://doi.org/https://doi.org/10.1029/WR025i001p00126.

EBERTS S M, BÖHLKE J K, KAUFFMAN L J, et al. , 2012. Comparison of particle – tracking and lumped – parameter age – distribution models for evaluating vulnerability of production wells to contamination [J/OL]. Hydrogeology Journal, 20 (2): 263 – 282. https://doi.org/10.1007/s10040 – 011 – 0810 – 6.

ENGDAHL N B, MAXWELL R M, 2015. Quantifying changes in age distributions and the hydrologic balance of a high – mountain watershed from climate induced variations in recharge [J/OL]. Journal of Hydrology, 522: 152 – 162. https://doi.org/10.1016/j.jhydrol.2014.12.032.

FEINSTEIN D T, REEVES H W, 2010. Regional Groundwater – Flow Model of the Lake Michigan Basin in Support of Great Lakes Basin Water Availability and Use Studies Part II [R] //U. S. Geological Survey.

FIENEN M N, MASTERSON J P, PLANT N G, et al. , 2013. Bridging groundwater models and decision support with a Bayesian network [J/OL]. Water Resources Research, 49 (10): 6459 – 6473. https://doi.org/10.1002/wrcr.20496.

FISCHER T, NAUMOV D, SATTLER S, et al. , 2015. GO2OGS 1. 0: A versatile workflow to integrate complex geological information with fault data into numerical simulation models [J/OL]. Geoscientific Model Development, 8 (11): 3681 – 3694. https://doi.org/10.5194/gmd – 8 – 3681 – 2015.

FREEZE R A, WITHERSPOON P A, 1968. Theoretical Analysis of Regional Ground Water Flow: 3. Quantitative Interpretations [J/OL]. Water Resources Research, 4 (3): 581. https://doi.org/10.1029/WR004i003p00581.

FRIND E O, MUHAMMAD D S, MOLSON J W, 2002. Delineation of Three – Dimensional

Well Capture Zones for Complex Multi - Aquifer Systems [J/OL]. Groundwater, 40 (6): 586 - 598. https://doi.org/https://doi.org/10.1111/j.1745 - 6584.2002.tb02545.x.

GINN T R, HAERI H, MASSOUDIEH A, et al., 2009. Notes on groundwater age in forward and inverse modeling [J/OL]. Transport in Porous Media, 79 (1 SPEC. ISS.): 117 - 134. https://doi.org/10.1007/s11242 - 009 - 9406 - 1.

GODERNIAUX P, BROUYÈRE S, FOWLER H J, et al., 2009. Large scale surface - subsurface hydrological model to assess climate change impacts on groundwater reserves [J/OL]. Journal of Hydrology, 373 (1 - 2): 122 - 138. https://doi.org/10.1016/j.jhydrol.2009.04.017.

GODERNIAUX P, BROUYÈRE S, WILDEMEERSCH S, et al., 2015. Uncertainty of climate change impact on groundwater reserves - Application to a chalk aquifer [J/OL]. Journal of Hydrology, 528 (2015): 108 - 121. https://doi.org/10.1016/j.jhydrol.2015.06.018.

GODERNIAUX P, DAVY P, BRESCIANI E, et al., 2013. Partitioning a regional groundwater flow system into shallow local and deep regional flow compartments [J/OL]. Water Resources Research, 49 (4): 2274 - 2286. https://doi.org/10.1002/wrcr.20186.

HAITJEMA H, 2006. The Role of Hand Calculations in Ground Water Flow Modeling [J/OL]. Groundwater, 44 (6): 786 - 791. https://doi.org/10.1111/j.1745 - 6584.2006.00189.x.

HAITJEMA H M, 1995. On the residence time distribution in idealized groundwater sheds [J]. Journal of Hydrology, 172: 127 - 146.

HARBAUGH A W, 2005. MODFLOW - 2005, The U.S. Geological Survey Modular Ground - Water Model — the Ground - Water Flow Process [J]. U.S. Geological Survey Techniques and Methods.

HARGREAVES G H, SAMANI Z A, 1985. Reference crop evapotranspiration from temperature [J/OL]. Applied Engineering in Agriculture, 1 (2): 96 - 99. https://doi.org/10.13031/2013.26773.

HARIA A H, SHAND P, 2004. Evidence for deep sub - surface flow routing in forested upland Wales: implications for contaminant transport and stream flow generation [J/OL]. Hydrology and Earth System Sciences, 8 (3): 334 - 344. https://doi.org/10.5194/hess - 8 - 334 - 2004.

HARMAN C J, 2015. Time - variable transit time distributions and transport: Theory and application to storage - dependent transport of chloride in a watershed [J/OL]. Water Resources Research, 51 (1): 1 - 30. https://doi.org/10.1002/2014WR015707.

HAVRIL T, TÓTH Á, MOLSON J W, et al., 2018. Impacts of predicted climate change on groundwater flow systems: Can wetlands disappear due to recharge reduction? [J/OL]. Journal of Hydrology, 563: 1169 - 1180. https://doi.org/10.1016/j.jhydrol.2017.09.020.

HE W, BEYER C, FLECKENSTEIN J H, et al., 2015. A parallelization scheme to simulate reactive transport in the subsurface environment with OGS♯IPhreeqc 5.5.7 - 3.1.2 [J/OL]. Geoscientific Model Development, 8 (10): 3333 - 3348. https://doi.org/10.5194/gmd - 8 - 3333 - 2015.

HEALY R W, 2010. Estimating Groundwater Recharge [M]. Cambridge University Press.

HESSE F, ZINK M, KUMAR R, et al. , 2017. Spatially distributed characterization of soil – moisture dynamics using travel – time distributions [J/OL]. Hydrology and Earth System Sciences, 21 (1): 549 – 570. https: //doi. org/10. 5194/hess – 21 – 549 – 2017.

HOEGH – GULDBERG O, JACOB D, BINDI M, et al. , 2018. Impacts of 1. 5℃ global warming on natural and human systems [J]. Global warming of 1. 5℃. An IPCC Special Report.

HRACHOWITZ M, CLARK M P, 2017. HESS Opinions: The complementary merits of competing modelling philosophies in hydrology [J/OL]. Hydrology and Earth System Sciences, 21 (8): 3953 – 3973. https: //doi. org/10. 5194/hess – 21 – 3953 – 2017.

HRACHOWITZ M, SAVENIJE H, BOGAARD T A, et al. , 2013. What can flux tracking teach us about water age distribution patterns and their temporal dynamics? [J/OL]. Hydrology and Earth System Sciences, 17 (2): 533 – 564. https: //doi. org/10. 5194/hess – 17 – 533 – 2013.

HSIEH P A, 2011. Application of MODFLOW for Oil Reservoir Simulation During the Deepwater Horizon Crisis [J/OL]. Ground Water, 49 (3): 319 – 323. https: //doi. org/10. 1111/j. 1745 – 6584. 2011. 00813. x.

HUNT R J, ANDERSON M P, KELSON V A, 1998. Improving a Complex Finite – Difference Ground Water Flow Model Through the Use of an Analytic Element Screening Model [J/OL]. Groundwater, 36 (6): 1011 – 1017. https: //doi. org/https: //doi. org/10. 1111/j. 1745 – 6584. 1998. tb02108. x.

HUNT R J, WELTER D E, 2010. Taking Account of "Unknown Unknowns" [J/OL]. Groundwater, 48 (4): 477. https: //doi. org/https: //doi. org/10. 1111/j. 1745 – 6584. 2010. 00681. x.

HUNT R J, ZHENG C, 2012. The Current State of Modeling [J/OL]. Groundwater, 50 (3): 330 – 333. https: //doi. org/https: //doi. org/10. 1111/j. 1745 – 6584. 2012. 00936. x.

HUNTINGTON J L, NISWONGER R G, 2012. Role of surface – water and groundwater interactions on projected summertime streamflow in snow dominated regions: An integrated modeling approach [J/OL]. Water Resources Research, 48 (11): 1 – 20. https: //doi. org/10. 1029/2012WR012319.

JACKSON C R, MEISTER R, PRUDHOMME C, 2011. Modelling the effects of climate change and its uncertainty on UK Chalk groundwater resources from an ensemble of global climate model projections [J/OL]. Journal of Hydrology, 399 (1 – 2): 12 – 28. https: //doi. org/10. 1016/j. jhydrol. 2010. 12. 028.

JING M, HESSE F, KUMAR R, et al. , 2018. Improved regional – scale groundwater representation by the coupling of the mesoscale Hydrologic Model (mHM v5. 7) to the groundwater model OpenGeoSys (OGS) [J/OL]. Geoscientific Model Development, 11 (5): 1989 – 2007. https: //doi. org/10. 5194/gmd – 11 – 1989 – 2018.

JING M, HESSE F, KUMAR R, et al. , 2019. Influence of input and parameter uncertainty on the prediction of catchment – scale groundwater travel time distributions [J/OL]. Hydrology and Earth System Sciences, 23 (1): 171 – 190. https: //doi. org/10. 5194/hess –

23 – 171 – 2019.

JING M, KUMAR R, ATTINGER S, et al. , 2021. Assessing the contribution of groundwater to catchment travel time distributions through integrating conceptual flux tracking with explicit Lagrangian particle tracking [J/OL]. Advances in Water Resources, 149: 103849. https: //doi. org/10. 1016/j. advwatres. 2021. 103849.

KAANDORP V P, DE LOUW P G B, VAN DER VELDE Y, et al. , 2018. Transient Groundwater Travel Time Distributions and Age – Ranked Storage – Discharge Relationships of Three Lowland Catchments [J/OL]. Water Resources Research, 54: 4519 – 4536. https: //doi. org/10. 1029/2017WR022461.

KANG S, ELTAHIR E A B, 2018. North China Plain threatened by deadly heatwaves due to climate change and irrigation [J/OL]. Nature Communications, 9 (1): 2894. https: // doi. org/10. 1038/s41467 – 018 – 05252 – y.

KIM N W, CHUNG I M, WON Y S, et al. , 2008. Development and application of the integrated SWAT – MODFLOW model [J]. Journal of hydrology, 356 (1): 1 – 16.

KIRCHNER J W, 2016. Aggregation in environmental systems – Part 1: Seasonal tracer cycles quantify young water fractions, but not mean transit times, in spatially heterogeneous catchments [J/OL]. Hydrology and Earth System Sciences, 20 (1): 279 – 297. https: // doi. org/10. 5194/hess – 20 – 279 – 2016.

KOHLHEPP B, LEHMANN R, SEEBER P, et al. , 2017. Aquifer configuration and geostructural links control the groundwater quality in thin – bedded carbonate – siliciclastic alternations of the Hainich CZE, central Germany [J/OL]. Hydrology and Earth System Sciences, 21 (12): 6091 – 6116. https: //doi. org/10. 5194/hess – 21 – 6091 – 2017.

KOIRALA S, YEH P J F, HIRABAYASHI Y, et al. , 2014. Global – scale land surface hydrologic modeling with the representation of water table dynamics [J/OL]. Journal of Geophysical Research, 119 (1): 75 – 89. https: //doi. org/10. 1002/2013JD020398.

KOLDITZ O, BAUER S, BILKE L, et al. , 2012. OpenGeoSys: an open – source initiative for numerical simulation of thermo – hydro – mechanical/chemical (THM/C) processes in porous media [J/OL]. Environmental Earth Sciences, 67 (2): 589 – 599. https: // doi. org/10. 1007/s12665 – 012 – 1546 – x.

KOLLET S J, MAXWELL R M, 2006. Integrated surface – groundwater flow modeling: A free – surface overland flow boundary condition in a parallel groundwater flow model [J/ OL]. Advances in Water Resources, 29 (7): 945 – 958. https: //doi. org/10. 1016/ j. advwatres. 2005. 08. 006.

KOLLET S J, MAXWELL R M, 2008. Capturing the influence of groundwater dynamics on land surface processes using an integrated, distributed watershed model [J/OL]. Water Resources Research, 44 (2): 1 – 18. https: //doi. org/10. 1029/2007WR006004.

KOLLET S J, MAXWELL R M, WOODWARD C S, et al. , 2010. Proof of concept of regional scale hydrologic simulations at hydrologic resolution utilizing massively parallel computer resources [J/OL]. Water Resources Research, 46 (4): 1 – 7. https: //doi. org/ 10. 1029/2009WR008730.

KUFFOUR B, ENGDAHL N, WOODWARD C, et al. , 2019. Simulating Coupled Surface –

Subsurface Flows with ParFlow v3. 5. 0: Capabilities, applications, and ongoing development of an open – source, massively parallel, integrated hydrologic model [J/OL]. Geoscientific Model Development Discussions: 1 – 66. https: //doi. org/10. 5194/gmd – 2019 – 190.

KUMAR R, LIVNEH B, SAMANIEGO L, 2013. Toward computationally efficient large – scale hydrologic predictions with a multiscale regionalization scheme [J/OL]. Water Resources Research, 49 (9): 5700 – 5714. https: //doi. org/10. 1002/wrcr. 20431.

KUMAR R, MUSUUZA J L, VAN LOON A F, et al. , 2016. Multiscale evaluation of the Standardized Precipitation Index as a groundwater drought indicator [J/OL]. Hydrology and Earth System Sciences, 20 (3): 1117 – 1131. https: //doi. org/10. 5194/hess – 20 – 1117 – 2016.

LERAY S, ENGDAHL N B, MASSOUDIEH A, et al. , 2016. Residence time distributions for hydrologic systems: Mechanistic foundations and steady – state analytical solutions [J/OL]. Journal of Hydrology, 543: 67 – 87. https: //doi. org/10. 1016/j. jhydrol. 2016. 01. 068.

LEUNG L R, HUANG M, QIAN Y, et al. , 2011. Climate – soil – vegetation control on groundwater table dynamics and its feedbacks in a climate model [J/OL] . Climate Dynamics, 36 (1): 57 – 81. https: //doi. org/10. 1007/s00382 – 010 – 0746 – x.

LINDE N, RENARD P, MUKERJI T, et al. , 2015. Geological Realism in Hydrogeological and Geophysical Inverse Modeling: a Review [J/OL]. Advances in Water Resources, 86: 86 – 101. https: //doi. org/10. 1016/j. advwatres. 2015. 09. 019.

MARKSTROM S L, NISWONGER R G, REGAN R S, et al. , 2008. GSFLOW—Coupled Ground – Water and Surface – Water Flow Model Based on the Integration of the Precipitation – Runoff Modeling System (PRMS) and the Modular Ground – Water Flow Model (MODFLOW – 2005) [J]. U. S. Geological Survey (Techniques and Methods 6 – D1): 240.

MARX A, KUMAR R, THOBER S, et al. , 2018. Climate change alters low flows in Europe under global warming of 1. 5, 2, and 3℃ [J/OL]. Hydrology and Earth System Sciences, 22 (2): 1017 – 1032. https: //doi. org/10. 5194/hess – 22 – 1017 – 2018.

MAXWELL R M, CONDON L E, KOLLET S J, 2015. A high – resolution simulation of groundwater and surface water over most of the continental US with the integrated hydrologic model ParFlow v3 [J]. Geoscientific Model Development, 8 (3): 923 – 937.

MAXWELL R M, KOLLET S J, 2008. Interdependence of groundwater dynamics and land – energy feedbacks under climate change [J/OL]. Nature Geoscience, 1 (10): 665 – 669. https: //doi. org/10. 1038/ngeo315.

MAXWELL R M, PUTTI M, MEYERHOFF S, et al. , 2014. Surface – subsurface model intercomparison: A first set of benchmark results to diagnose integrated hydrology and feedbacks [J]. Water Resources Research, 50 (2): 1531 – 1549.

MCCALLUM J L, COOK P G, DOGRAMACI S, et al. , 2017. Identifying modern and historic recharge events from tracer – derived groundwater age distributions [J/OL]. Water Resources Research, 53 (2): 1039 – 1056. https: //doi. org/10. 1002/2016WR019839.

MCCALLUM J L, ENGDAHL N B, GINN T R, et al. , 2014. Nonparametric estimation of groundwater residence time distributions: What can environmental tracer data tell us about groundwater residence time? [J/OL]. Water Resources Research, 50 (3): 2022 –

2038. https: //doi. org/10. 1002/2013WR014974.

MCDONNELL J J, MCGUIRE K, AGGARWAL P, et al. , 2010. How old is streamwater? Open questions in catchment transit time conceptualization, modelling and analysis [J/ OL]. Hydrological Processes, 24 (12): 1745 – 1754. https: //doi. org/10. 1002/hyp. 7796.

MCINERNEY D, THYER M, KAVETSKI D, et al. , 2017. Improving probabilistic prediction of daily streamflow by identifying Pareto optimal approaches for modeling heteroscedastic residual errors [J/OL]. Water Resources Research, 53 (3): 2199 – 2239. https: // doi. org/10. 1111/j. 1752 – 1688. 1969. tb04897. x.

MOORE C, DOHERTY J, 2006. The cost of uniqueness in groundwater model calibration [J/OL]. Advances in Water Resources, 29 (4): 605 – 623. https: //doi. org/10. 1016/ j. advwatres. 2005. 07. 003.

NOWAK T, KUNZ H, DIXON D, et al. , 2011. Coupled 3 – D thermo – hydro – mechanical analysis of geotechnological in situ tests [J/OL]. International Journal of Rock Mechanics and Mining Sciences, 48 (1): 1 – 15. https: //doi. org/10. 1016/j. ijrmms. 2010. 11. 002.

PANDAY S, HUYAKORN P S, 2004. A fully coupled physically – based spatially – distributed model for evaluating surface/subsurface flow [J/OL]. Advances in Water Resources, 27 (4): 361 – 382. https: //doi. org/https: //doi. org/10. 1016/j. advwatres. 2004. 02. 016.

PANICONI C, PUTTI M, 2015. Physically based modeling in catchment hydrology at 50: Survey and outlook [J/OL]. Water Resources Research, 51 (9): 7090 – 7129. https: // doi. org/10. 1002/2015WR017780.

PARISIO F, VILARRASA V, WANG W, et al. , 2019. The risks of long – term re – injection in supercritical geothermal systems [J/OL]. Nature Communications, 10 (1) . https: // doi. org/10. 1038/s41467 – 019 – 12146 – 0.

PARK C H, BEYER C, BAUER S, et al. , 2008. Using global node – based velocity in random walk particle tracking in variably saturated porous media: Application to contaminant leaching from road constructions [J/OL]. Environmental Geology, 55 (8): 1755 – 1766. https: //doi. org/10. 1007/s00254 – 007 – 1126 – 7.

PARTINGTON D, BRUNNER P, SIMMONS C T, et al. , 2011. A hydraulic mixing – cell method to quantify the groundwater component of streamflow within spatially distributed fully integrated surface water – groundwater flow models [J/OL]. Environmental Modelling and Software, 26 (7): 886 – 898. https: //doi. org/10. 1016/j. envsoft. 2011. 02. 007.

PERKINS S P, SOPHOCLEOUS M, 1999. Development of a Comprehensive Watershed Model Applied to Study Stream Yield under Drought Conditions [J/OL]. Groundwater, 37 (3): 418 – 426. https: //doi. org/https: //doi. org/10. 1111/j. 1745 – 6584. 1999. tb01121. x.

PULIDO – VELAZQUEZ M, PEÑA – HARO S, GARCÍA – PRATS A, et al. , 2015. Integrated assessment of the impact of climate and land use changes on groundwater quantity and quality in the Mancha Oriental system (Spain) [J/OL]. Hydrology and Earth System Sciences, 19 (4): 1677 – 1693. https: //doi. org/10. 5194/hess – 19 – 1677 – 2015.

REILLY T E, HARBAUGH A W. 2004. Guidelines for Evaluating Ground – Water Flow Models [R/OL] //Scientific Investigations Report. https: //doi. org/10. 3133/sir20045038.

REMONDI F, KIRCHNER J W, BURLANDO P, et al. , 2018a. Water Flux Tracking with

A Distributed Hydrological Model to Quantify Controls on the Spatio – Temporal Variability of Transit Time Distributions [J/OL]. Water Resources Research: 1 – 29. https: //doi. org/10. 1002/2017WR021689.

REMONDI F, KIRCHNER J W, BURLANDO P, et al. , 2018b. Water Flux Tracking With a Distributed Hydrological Model to Quantify Controls on the Spatiotemporal Variability of Transit Time Distributions [J/OL]. Water Resources Research, 54 (4): 3081 – 3099. https: //doi. org/10. 1002/2017WR021689.

RINALDO A, BEVEN K J, BERTUZZO E, et al. , 2011. Catchment travel time distributions and water flow in soils [J/OL]. Water Resources Research, 47 (7): 1 – 13. https: //doi. org/10. 1029/2011WR010478.

SAMANIEGO L, KUMAR R, ATTINGER S, 2010a. Multiscale parameter regionalization of a grid – based hydrologic model at the mesoscale [J/OL]. Water Resources Research, 46 (5): W05523. https: //doi. org/10. 1029/2008WR007327.

SAMANIEGO L, KUMAR R, ATTINGER S, 2010b. Multiscale parameter regionalization of a grid – based hydrologic model at the mesoscale [J/OL]. Water Resources Research, 46 (5): W05523. https: //doi. org/10. 1029/2008WR007327.

SAMANIEGO L, THOBER S, KUMAR R, et al. , 2018. Anthropogenic warming exacerbates European soil moisture droughts [J/OL]. Nature Climate Change, 8 (5): 421 – 426. https: //doi. org/10. 1038/s41558 – 018 – 0138 – 5.

SANDSTRÖM K, 1995. Modeling the Effects of Rainfall Variability on Groundwater Recharge in Semi – Arid Tanzania [J/OL]. Hydrology Research, 26 (4 – 5): 313. https: //doi. org/10. 2166/nh. 1995. 0018.

SAWYER A H, CARDENAS M B, BUTTLES J. , 2012. Hyporheic temperature dynamics and heat exchange near channel – spanning logs [J/OL]. Water Resources Research, 48 (1): 1 – 11. https: //doi. org/10. 1029/2011WR011200.

SCHEWE J, HEINKE J, GERTEN D, et al. , 2014. Multimodel assessment of water scarcity under climate change [J/OL]. Proceedings of the National Academy of Sciences, 111 (9): 3245 – 3250. https: //doi. org/10. 1073/pnas. 1222460110.

SCIBEK J, ALLEN D M, CANNON A J, et al. , 2007. Groundwater – surface water interaction under scenarios of climate change using a high – resolution transient groundwater model [J/OL]. Journal of Hydrology, 333 (2 – 4): 165 – 181. https: //doi. org/10. 1016/j. jhydrol. 2006. 08. 005.

SELLE B, RINK K, KOLDITZ O, 2013. Recharge and discharge controls on groundwater travel times and flow paths to production wells for the Ammer catchment in southwestern Germany [J/OL]. Environmental Earth Sciences, 69 (2): 443 – 452. https: //doi. org/10. 1007/s12665 – 013 – 2333 – z.

SHEETS R A, DUMOUCHELLE D H, FEINSTEIN D T, 2005. Ground – water modeling of pumping effects near regional ground – water divides and river/aquifer systems – Results and implications of numerical experiments [R/OL] //Scientific Investigations Report. https: //doi. org/10. 3133/sir20055141.

SHEPLEY M G, WHITEMAN M I, HULME P J, et al. , 2012. Groundwater Resources

Modelling: A Case Study from the UK [M/OL]. Geological Society of London. https: // doi. org/10. 1144/SP364.

SMITH R E, WOOLHISER D A, 1971. Overland Flow on an Infiltrating Surface [J/OL]. Water Resources Research, 7 (4): 899 – 913. https: //doi. org/10. 1029/WR007i004p00899.

SOPHOCLEOUS M, 2002a. Interactions between groundwater and surface water: The state of the science [J/OL]. Hydrogeology Journal, 10 (1): 52 – 67. https: //doi. org/ 10. 1007/s10040 – 001 – 0170 – 8.

SOPHOCLEOUS M, 2002b. Interactions between groundwater and surface water: The state of the science [J/OL]. Hydrogeology Journal, 10 (1): 52 – 67. https: //doi. org/ 10. 1007/s10040 – 001 – 0170 – 8.

SPRENGER M, STUMPP C, WEILER M, et al., 2019. The demographics of water: A review of water ages in the critical zone [J/OL]. Reviews of Geophysics: 2018RG000633. https: //doi. org/10. 1029/2018RG000633.

SRIDHAR V, BILLAH M M, HILDRETH J W, 2017. Coupled Surface and Groundwater Hydrological Modeling in a Changing Climate [J/OL]. Groundwater. https: //doi. org/ 10. 1111/gwat. 12610.

STOCKER T, 2014. Climate change 2013: the physical science basis: Working Group I contribution to the Fifth assessment report of the Intergovernmental Panel on Climate Change [M]. Cambridge University Press.

SUN F, SHAO H, KALBACHER T, et al., 2011. Groundwater drawdown at Nankou site of Beijing Plain: model development and calibration [J/OL]. Environmental Earth Sciences, 64 (5): 1323 – 1333. https: //doi. org/10. 1007/s12665 – 011 – 0957 – 4.

SUTANUDJAJA E H, VAN BEEK L P H, DE JONG S M, et al., 2011. Large – scale groundwater modeling using global datasets: A test case for the Rhine – Meuse basin [J/ OL]. Hydrology and Earth System Sciences, 15 (9): 2913 – 2935. https: //doi. org/ 10. 5194/hess – 15 – 2913 – 2011.

SUTANUDJAJA E H, VAN BEEK L P H, DE JONG S M, et al., 2014. Calibrating a large – extent high – resolution coupled groundwater – land surface model using soil moisture and discharge data [J/OL]. Water Resources Research, 50 (1): 687 – 705. https: // doi. org/10. 1002/2013WR013807.

TAYLOR R G, SCANLON B, DÖLL P, et al., 2012. Ground water and climate change [J/ OL]. Nature Climate Change, 3 (April): 1 – 9. https: //doi. org/10. 1038/NCLIMATE1744.

TE CHOW V, 1988. Applied hydrology [M]. Tata McGraw – Hill Education.

THERRIEN R, MCLAREN R G, SUDICKY E A, et al., 2010. HydroGeoSphere: A three – dimensional numerical model describing fully – integrated subsurface and surface flow and solute transport [J]. Groundwater Simulations Group, University of Waterloo, Waterloo, ON.

THOBER S, KUMAR R, WANDERS N, et al., 2018. Multi – model ensemble projections of European river floods and high flows at 1. 5, 2, and 3 degrees global warming [J/OL]. Environmental Research Letters, 13 (1): 014003. https: //doi. org/10. 1088/1748 – 9326/ aa9e35.

TILLMAN F D, GANGOPADHYAY S, PRUITT T, 2016. Changes in groundwater recharge under projected climate in the upper Colorado River basin [J/OL]. Geophysical Research Letters：6968 – 6974. https：//doi. org/10. 1002/2016GL069714. Received.

TONKIN M，DOHERTY J. 2009. Calibration – constrained Monte Carlo analysis of highly parameterized models using subspace techniques [J/OL]. Water Resources Research，45 (1)：1 – 17. https：//doi. org/10. 1029/2007WR006678.

TREIDEL H，MARTIN – BORDES J L，GURDAK J J，2012. Climate Change Effects on Groundwater Resources：A Global Synthesis of Findings and Recommendations [M] //International Association of Hydrogeologists.

VAN DER VELDE Y，HEIDBÜCHEL I，LYON S W，et al.，2015. Consequences of mixing assumptions for time – variable travel time distributions [J/OL]. Hydrological Processes，29 (16)：3460 – 3474. https：//doi. org/10. 1002/hyp. 10372.

VAN METER K J，BASU N B，VAN CAPPELLEN P，2017. Two centuries of nitrogen dynamics：Legacy sources and sinks in the Mississippi and Susquehanna River Basins [J/OL]. Global Biogeochemical Cycles，31 (1)：2 – 23. https：//doi. org/10. 1002/2016 GB005498.

VAN METER K J，BASU N B，VEENSTRA J J，et al.，2016. The nitrogen legacy：Emerging evidence of nitrogen accumulation in anthropogenic landscapes [J/OL]. Environmental Research Letters，11 (3)：035014. https：//doi. org/10. 1088/1748 – 9326/11/3/035014.

VAN METER K J，VAN CAPPELLEN P，BASU N B，2018. Legacy nitrogen may prevent achievement of water quality goals in the Gulf of Mexico [J/OL]. Science，360 (6387)：427 – 430. https：//doi. org/10. 1126/science. aar4462.

VAN ROOSMALEN L，SONNENBORG T O，JENSEN K H，2009. Impact of climate and land use change on the hydrology of a large – scale agricultural catchment [J/OL]. Water Resources Research，45 (7)：1 – 18. https：//doi. org/10. 1029/2007WR006760.

VANDERKWAAK J E，LOAGUE K，2001. Hydrologic – response simulations for the R – 5 catchment with a comprehensive physics – based model [J/OL]. Water Resources Research，37 (4)：999 – 1013. https：//doi. org/10. 1029/2000WR900272.

WADA Y，VAN BEEK L P H，VAN KEMPEN C M，et al.，2010. Global depletion of groundwater resources [J/OL]. Geophysical Research Letters，37 (20)：1 – 5. https：//doi. org/10. 1029/2010GL044571.

WALTHER M，BILKE L，DELFS J O，et al.，2014. Assessing the saltwater remediation potential of a three – dimensional，heterogeneous，coastal aquifer system [J/OL]. Environmental Earth Sciences，72 (10)：3827 – 3837. https：//doi. org/10. 1007/s12665 – 014 – 3253 – 2.

WEISSMANN G S，ZHANG Y，LABOLLE E M，et al.，2002. Dispersion of groundwater age in an alluvial aquifer system [J/OL]. Water Resources Research，38 (10)：16 – 1 – 16 – 13. https：//doi. org/10. 1029/2001WR000907.

WOESSNER W W. 2000. Stream and Fluvial Plain Ground Water Interactions：Rescaling Hydrogeologic Thought [J/OL]. Groundwater，38 (3)：423 – 429. https：//doi. org/10. 1111/j. 1745 – 6584. 2000. tb00228. x.

YANG J, HEIDBÜCHEL I, MUSOLFF A, et al., 2018. Exploring the Dynamics of Transit Times and Subsurface Mixing in a Small Agricultural Catchment [J/OL]. Water Resources Research: 2317 – 2335. https: //doi. org/10. 1002/2017WR021896.

ZINK M, KUMAR R, CUNTZ M, et al., 2017. A high – resolution dataset of water fluxes and states for Germany accounting for parametric uncertainty [J/OL]. Hydrology and Earth System Sciences, 21 (3): 1769 – 1790. https: //doi. org/10. 5194/hess – 21 – 1769 – 2017.

ZINK M, MAI J, CUNTZ M, et al., 2018. Conditioning a Hydrologic Model Using Patterns of Remotely Sensed Land Surface Temperature [J/OL]. Water Resources Research, 54 (4): 2976 – 2998. https: //doi. org/10. 1002/2017WR021346.

ZINK M, SAMANIEGO L, KUMAR R, et al., 2016. The German drought monitor [J/OL]. Environmental Research Letters, 11 (7): 1 – 9. https: //doi. org/10. 1088/1748 – 9326/11/7/074002.

ZLOTNIK V A, CARDENAS M B, TOUNDYKOV D. 2011. Effects of multiscale anisotropy on basin and hyporheic groundwater flow [J/OL]. Ground Water, 49 (4): 576 – 583. https: //doi. org/10. 1111/j. 1745 – 6584. 2010. 00775. x.